杨世均

著

# 手作
# 欧式面包

Not Just
Baking
Happiness
Bread

中国轻工业出版社

# 目录
## Content

# Chapter 2

**蜂巢系列**

# Chapter 3

**维也纳系列**

# 烘焙出
## 独具个性的欧式面包

　　烘焙是一门学问，却也是一件简单而快乐的事，如何在钻研与乐趣两者间取得平衡，全都取决于个人。我只能与你分享：你每一次动手烘焙，都一定会有不同的收获与体验。回报给你的，当然就是好吃的面包，而且会一次比一次更好吃。在做的过程中你会一次比一次更懂得品味其中的滋味，拿捏出符合个人期待的口感，更进阶的做法是兼顾健康的目的而添加不同的天然食材，变化出层次。与其称它为食物，不如说是一种食物的艺术。每一个面包都为了满足个人的需求而诞生，这才是我真正想传达的想法。

　　从接触烘焙至今，我钟爱店内自制的面包，日复一日，淡淡的麦香已成为唤醒生活的味道，未曾厌倦。当来往的顾客成为老朋友，常常来店内带走他们想要的味道，对供需的两端，都是一种幸福的联结。有人在我烘焙的面包陪伴下，展开他的每一天，早晨、午后、夜晚。每一个出炉的面包都有它的使命，陪伴他们在忙碌的日常中度过。也因此萌生出版此书的想法，希望这本书里的每道面包都能慰藉人心，即使因为地域的关系无法亲自到店里与我相见，也能借助这本书里的烘焙食谱，享受幸福的味道。

## 别受限于设备
## 尽情享受烘焙过程

当然，一般店内的设备跟家庭设备自然不同，制作欧式面包讲究温度、湿度、水质、粉质等因素，有许多朋友会受限于设备，而打消学习烘焙的念头，许多人觉得花时间自己动手做还不如到面包店买比较快，这当然是促进消费的好想法，但店中买来的面包不一定符合自己的口味。规则是死的，烘焙是活的，可以根据家里的环境因素改变，搅拌机、发酵空间、湿度、温度，即使照着食谱做，仍希望你能够在每次的实践中不断修正做出自己喜欢、吃得习惯的口感，这才是出版此书的目的。

自己亲手做出来的面包，是自己努力过后的成果，也符合自己的口味，毕竟自己在家做不是商用（营业用）、比赛用，因此更能做得开心、吃得安心、吃得开心。谁说没有石板蒸汽烤箱就做不出欧式面包？追求完美是一定要的，练就一手好手艺也非一朝一夕，每天慢慢进步，会对比一次就成功更有成就感。面包绝对没有完美，绝对没有零失败，真正完美零失败的是那颗努力做出好面包的心。

别忘了手作面包其实是一件简单快乐的事情，我们可以参考书上的指示，不断尝试摸索出自己习惯的方式，这本书只作为你烘焙欧式面包的入门指南，一个让你更喜欢自己动手的美味指南！

# Chapter 1

# 零失败手作，
# 主厨的烘焙笔记

# 工欲善其事必先利其器

基本工具

## 01  不锈钢盆

用来打蛋、搅拌及
制作面团的容器，
选择中大型较好
用，一般为直径 20
厘米左右。

## 02  量杯

用来测量用料、水、液体
材料与食材的度量工具，
多以铝制、不锈钢制、玻
璃材质与塑胶为主。量杯
上的刻度分成杯（用在干
性食材测量）与毫升（多
半用液态食材），标准量
杯一杯为 240 毫升。

## 03 隔热手套

将烤物及烤盘取出时所使用的隔热用手套，一般为厚棉布材质。

BOSCH

## 04 网筛

为了使面粉更加精细的面粉网筛，才不至于搅拌时面粉分布不均匀而易导致烘焙失败，烘焙出来的口感也更细致。

## 05 藤篮

用来使欧式面包发酵成型，并创造出自然的横向纹路。

## 06 木板

用来移动面团的工具。

# 工欲善其事必先利其器

基本工具

## 08 擀面棍

实心棒状，挤压面团的烹饪工具。

## 07 吐司模

用来烤吐司所使用的模具，一般有两种标示，一种以生面团的重量标示，一种是以模具的尺寸形状标示，可依照自己的使用习惯选择。

## 09 电子秤

用来称食材与材料的重量。

## 长柄刮刀 10

用来搅拌及整形面团。

**11 料理剪刀**

处理食材作为料理用途的剪刀。

**12 打蛋器**

手持用来打蛋的工具。

**13 帆布**

用于发酵面团用。

**14 软刮板**

用来抹平食材、整形及分割面团。

# 烘焙基本材料

基本材料

01

02

03

04

05

06

08

09

1

## 01 蜂蜜

天然的甜味剂，富含多种矿物质与维生素，营养价值高。

## 02 全脂奶粉

牛奶脱水后制成的粉末，用于增添香味，提升食用口感。

## 03 酵母粉

米黄色粉状或淡棕色粒状，发酵力佳，虽发酵时间比新鲜酵母久（需用 25~35℃的水浸泡约 10~15 分钟方可直接加入面粉），可置于阴凉处保存（在 30℃环境中，可保存一年）。

## 04 高筋面粉

面粉的筋性依据蛋白质含量的高低来分级，而面粉中的蛋白质含量越高则代表混合水搅拌之后，弹性与延展性越佳。

## 05 新鲜酵母

市售常见粉状与块状两种，直接加入面粉中具有促使面团膨胀，使面团筋性软化方便整形的作用。烘焙时须注意温度的控制，冷藏 2~10℃可保存 6~10 周。

## 06 海盐

含有微量矿物质，营养价值高。

## 07 全粒粉

即为"全麦面粉"，由小麦研磨而成的面粉，保有完整小麦的胚乳、麸皮、胚芽等成分，成品略带小麦香气，烘焙成品的颜色比一般面粉深。

## 09 裸麦粉

又称黑麦粉，内含淀粉酶，能自然分解面团结构，裸麦粉依照粒径又分为粗粉、中粉、细粉、极细粉等类别。因为不含面粉筋性，多用来搭配高筋面粉使用。

## 10 全蛋

全蛋顾名思义含有蛋黄、蛋清。

## 08 发酵黄油

在乳脂中加入乳酸菌后搅拌使其发酵后具有独特的微酸风味，乳脂含量约为 82%，比其他种类黄油低，所以更符合大多数人对健康的诉求。

# 你需要知道的烘焙小常识

学会烘焙材料换算很重要

## 重量换算表

| 盎司 | oz. = ounce |
| --- | --- |
| 克 | g = gram |
| 千克 | kg = kilogram |
| 磅 | lb = pound |

» 1 千克 (kg) = 1,000 克 (g)=2.2 lb( 磅 )

» 1 盎司 (oz) = 28.35 克 (g)

» 1 磅 (lb) =454 克 (g) =16 盎司 (oz)=1 品脱

## 容积换算表

| 茶匙 | tsp= teaspoon |
| --- | --- |
| 汤匙 | tbsp= tablespoon |
| 盎司 | fluidoz. = fl oz. |
| 杯 | 杯 |
| 品脱 | pint |
| 夸脱 | quart |
| 升 | liter |
| 加仑 | gallon |

» 1 升 =1000 毫升

» 1 杯 ( 杯 )=240 毫升 = 8 盎司 (oz) =16 汤匙 (tbsp)

» 1 汤匙 (tbsp) =15 毫升 = 3 茶匙 (tsp) =1/2 盎司 (oz)

» 1 茶匙 (tsp) =5 毫升 =1/3 汤匙 (tbsp)

» ½ 汤匙 (tbsp)=7.5 毫升

» 1 茶 ( 小 ) 匙 (tbsp)=5 毫升

» 1/2 茶匙 (tsp)= 2.5 毫升

» 1/4 茶匙 (tsp)= 1.25 毫升

## 吐司模容积换算

| | | |
| --- | --- | --- |
| 吐司模 32.7x10.6x12（厘米）= | 1200~1300 克 | 生面团 |
| 吐司模 24.7x12.7x12（厘米）= | 900~1000 克 | 生面团 |
| 吐司模 20x10x10（厘米）= | 450~500 克 | 生面团 |

★以上仅供参考，可依照自己需求酌量增减。

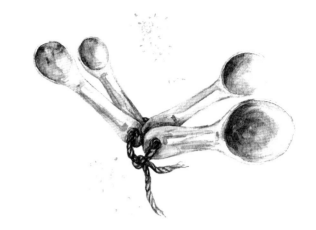

## 食材 / 材料换算表

### —— 材料 ——

» 黄油 1 汤匙 =13 克 / 1 杯 =227 克 =1/21 磅 =2 小条 / 1 磅 =454 克

» 奶油 1 汤匙 =14 克 /1 杯 =227 克 =1/2 磅

» 色拉油 1 汤匙 =14 克 / 1 杯 =227 克 =1/2 磅

» 牛奶 1 汤匙 =14 克 / 1 杯 =227 克 =1/2 磅 = 奶粉 / 4 大匙 + 水 = 奶水 1/2 杯 + 水

» 奶粉 1 汤匙 =6.25 克　　　　　» 可可粉 1 汤匙 =7 克

» 蛋（含蛋壳）1 个 =60 克　　　» 干酵母 1 汤匙 =3 克

» 蛋（不含蛋壳）1 个 =55 克　　» 盐 1 小匙 =5 克

» 蛋黄 1 个 =17 克　　　　　　　» 发粉（泡打粉）1 茶匙 =4 克

» 蛋清 1 个 =33 克　　　　　　　» 小苏打 1 茶匙 =4.7 克

» 面粉 1 杯 =120 克　　　　　　　» 塔塔粉 1 茶匙 =3.2 克

» 玉米粉 1 汤匙 =12.6 克

### —— 食材 ——

» 花生酱 1 汤匙 =16 克

» 碎巧克力 1 汤匙 =7 克

» 碎核果 1 杯 =114 克

» 葡萄干 1 杯 =170 克

» 杏仁碎 1 杯 =200 克

» 瓜子仁 1 杯 =110 克

» 芝麻仁 1 杯 =130 克

» 松子仁 1 杯 =150 克

» 花生 1 杯 =160 克

» 蜂蜜 1 汤匙 =21 克

## 关于温度的控制

### 温度换算 / 烤箱温度

| | | |
|---|---|---|
| Very slow/ 极慢 | 120℃ | 250 °F |
| Slow / 慢 | 150℃ | 300 °F |
| Moderate / 中等 | 180℃ | 350 °F |
| Hot / 高温 | 210℃ | 415 °F |
| Very Hot / 极高温 | 230℃ | 450 °F |

### 炉火温度换算表

| 华氏<br>Fahrenheit | 摄氏<br>Celsius or Centigrade |
|---|---|
| 250~275 °F | 121 ~133 °C |
| 300~325 °F | 149 ~163 °C |
| 350~375 °F | 177 ~190 °C |
| 400~425 °F | 204 ~218 °C |
| 450~475 °F | 232 ~246 °C |
| 500~525 °F | 260 ~274 °C |

### 火温的控制

| | |
|---|---|
| 低温 | 150~170°C |
| 中温 | 170~90°C |
| 高温 | 190° C 以上 |

### 面粉 VS. 不同水温的变化

| 温度 | 吸水量 | 作用 / 结果 |
|---|---|---|
| 25℃ | 正常吸水量 | 软硬适中生面团 |
| 53℃ | 吸水量开始增加 | 略显黏稠 |
| 60℃ | 吸水量明显增加 | 均匀糊状 |
| 80℃ | 吸水量更大更多 | 黏性增强 |

★ 如果家中的烤箱没有上、下火的设计选项，即可将烘焙的食材依照需要烘焙的程度（温度），采取置入烤箱上、中、下架来调整温度及烘烤程度，不过烘焙面包一般都会置于烤箱中最下层。

# 学习烘焙前，你一定要懂得烘焙用语

| 名词 | 执行动作 |
| --- | --- |
| 过筛 | 利用网筛将粉类材料过筛，筛去异物及不均匀颗粒，使粉类材料质地更细致、均匀，并可同时均匀混合两种以上的粉类材料。 |
| 隔水加热 | 将材料如黄油、巧克力及吉利丁（胶）等放入容器中隔水于炉火中加热，材料才能完全融化不焦化。若加热黄油则温度不可过高，否则会造成油水分离。 |
| 松弛 | 又称为"醒面"，将揉捏好的面团，放置室温或冰箱冷藏，待其面体筋性柔软的步骤。 |
| 液种法 | 又称"水种法"或"冰种法"，经过长时间低温发酵而使面团获得活性，能缩短主面团发酵的时间，能让面包口感细致，散发出面包天然的风味。 |
| 搅拌 | 让粉与水充分混合，使空气融入面团中，搅拌均匀后成为面筋，能使面团富有弹性及延展性，并保有面包酵母所排出的二氧化碳。 |
| 水化阶段 | 将所有的材料（除去黄油等油脂类）混合并加入水搅拌均匀，待面团呈现湿黏状态，油类等材料需待面团有筋性时加入。 |
| 完成阶段 | 面团内的筋性已充分扩展，会形成"拖尾"状况，因为充分扩展，此时面团光滑、不粘手、具有良好的延展性，并可用手将面团撑拉出极薄的薄膜，即使将薄膜拉破，边缘仍会呈现光滑圆弧状。 |
| 搅拌过度 | 因为搅拌过度，面团松弛无力，面筋结构不扎实，无法延展而变得粘手。 |
| 面筋打断 | 面筋的筋性已完全被打断，面团呈现湿黏状，面团也无法因为搅拌而再度勾卷。 |
| 最后发酵 | 将整形好的面团经过松弛约 20~30 分钟后进烤箱，即可完成最后发酵阶段。 |
| 分割 | 第一次面团发酵后（基础发酵完成），将发好的面团用分割板分割成适当的大小。 |
| 滚圆 | 将分割好的面团，用手（或滚圆机）滚圆直到呈现光滑状，面团内部仍保留大量的空气即完成。 |
| 整形 | 面团经过中间发酵后，使蛋白质凝固和淀粉糊化后，将面团整形成需要的模样。 |
| 糖油拌和 | 将配方中的黄油、砂糖用打蛋器高速打至膨发状，再拌入鸡蛋后继续搅打，最后再将粉类及其他干材料以刮刀拌和即可。 |

Chapter 2

# 蜂巢系列

## 蜂巢面包系列

　　还记得刚开始学面包时，到处找面包店，到处吃面包，想要多了解每家店的口感与做法差异。有一次在台北名店吃"蜂蜜土耳其"面包，闪过一丝惊艳感，口感Q弹、外皮酥脆，这就是我心中理想的欧式面包。犹记得当时比赛后有朋友无私地分享蜂巢配方给我，于是我便开始研发蜂巢面包系列。"蜂巢"名称的由来，是因为内部组织孔洞犹如蜂巢孔洞般大小不一，因而以此命名。

## 蜂巢面包系列配方

### 【主面团】基础材料　Ingredients

| 材料 | 分量 / 克 |
| --- | --- |
| 高筋面粉 | 500 |
| 海盐 | 10 |
| 蜂蜜 | 125 |
| 新鲜酵母 | 13 |
| 水 | 285 |
| 老面 | 150 |
| 合计 | 1083 |

## 【主面团】基本做法　　Method

1. 所有材料搅拌至【扩展】完成阶段。

2. 置于室温下【基础发酵】约 60 分钟。

3. 将发酵好的面团分割为一颗约 330 克，再进行【中间发酵】约 30 分钟。

4. 将进行【中间发酵】后的面团，【整形】。

5. 【整形】好后，置于烤盘中做【最后发酵】约 60 分钟。

6. 放入烤箱中，设定上火 200℃ / 下火 170℃，蒸气为 5 秒，烤 20~25 分钟即完成。

 **Chef's Remind**
烘焙小秘诀

发酵会因为室温、气候而影响其发酵时间，可视现实环境调整。本书中室温指 25~28℃

整形未必一定要照着书中的样子整形，可随时调整，风味不变。

建议烤箱可准备带有蒸气的蒸烤箱，口感会更佳，若家中仅有单一功能式烤箱（没有上下火的选项及蒸气的装置），可将步骤 6 上火的温度相加除 2，取得中间温度来烤即可；而关于蒸气，若无装置则可省略。蒸气的作用其实是为了让面包的口感更膨松、有型，且内部的孔洞也会比较均匀好看。

# 蜂巢（原味） 3个

| 材料 Ingredients | 做法 Method |

## 材料 Ingredients

| 材料 | 分量 / 克 |
| --- | --- |
| 高筋面粉 | 500 |
| 盐 | 10 |
| 蜂蜜 | 125 |
| 新鲜酵母 | 13 |
| 水 | 285 |
| 老面 | 150 |
| 合计 | 1083 |

## 做法 Method

1. 将所有材料先采用低速搅拌成团，再以中速搅拌至【扩展】完成阶段，搅拌完成的面团温度为 26~28℃。

2. 置于室温下【基础发酵】约 60 分钟。

3. 将发酵好的面团分割为一颗 330 克，再进行【中间发酵】约 30 分钟。

4. 将进行【中间发酵】后的面团，【整形】。

5. 【整形】好后，置于烤盘中做【最后发酵】约 60 分钟。

6. 放入烤箱中，设定上火 200 ℃ / 下火 170℃，蒸气为 5 秒，烤 20~25 分钟即完成。

**Chef's Note**
这样搭配面包最好吃！

可将面包烤热后搭配冰黄油，或搭果香味重的红酒食用，风味更佳。

# 蜜观音 3个

## 材料 Ingredients

| 材料 | 分量 / 克 |
| --- | --- |
| 高筋面粉 | 500 |
| 盐 | 10 |
| 蜂蜜 | 125 |
| 新鲜酵母 | 13 |
| 水 | 285 |
| 老面 | 150 |
| * 抹茶粉 | 5 |
| * 高山茶粉 | 5 |
| 合计 | 1093 |

## 做法 Method

* 1. 除抹茶粉和高山茶粉外，将其他材料先采用低速搅拌成团，再以中速搅拌至【扩展】完成阶段，搅拌完成后再加入抹茶粉及高山茶粉拌匀，搅拌完成的面团温度为26~28℃。

2. 置于室温下【基础发酵】约60分钟。

3. 将发酵好的面团分割为一颗约330克，再进行【中间发酵】约30分钟。

4. 将进行【中间发酵】后的面团，【整形】。

5. 【整形】好后，置于烤盘中做【最后发酵】约60分钟。

6. 放入烤箱中，设定上火200℃/下火170℃，蒸气为5秒，烤20~25分钟即完成。

说明：此系列标"*"的材料和做法为每款面包的个性化配方及步骤，其余部分为基础配方和基本步骤。

Chef's Note
这样搭配面包最好吃！

蜜观音搭配水果茶品一同食用风味更佳。

# 蔓越莓干芝士 3个

## 材料 Ingredients

| 材料 | 份量 / 克 |
|---|---|
| 高筋面粉 | 500 |
| 盐 | 10 |
| 蜂蜜 | 125 |
| 新鲜酵母 | 13 |
| 水 | 285 |
| 老面 | 150 |
| * 酒制蔓越莓干【果料】 | 75 |
| * 高熔点芝士【果料】 | 75 |
| 合计 | 1233 |

## 做法 Method

*1. 除果料外，将其他材料先采用低速搅拌成团，再以中速搅拌至【扩展】完成阶段，搅拌完成后再用手拌入果料，拌匀。搅拌完成的面团温度为 26~28℃。

2. 置于室温下【基础发酵】约 60 分钟。

3. 将发酵好的面团分割为一颗约 330 克，再进行【中间发酵】约 30 分钟。

4. 将进行【中间发酵】后的面团，【整形】。

5. 【整形】好后，置于烤盘中做【最后发酵】约 60 分钟。

6. 放入烤箱中，设定上火 200℃ / 下火 170℃，蒸气为 5 秒，烤 20~25 分钟即完成。

**Chef's Note**
这样搭配面包最好吃！

蔓越莓干芝士面包搭配高山茶类一同食用风味更佳。

# 地瓜巧克力 （3个）

## 材料 | Ingredients

| 材料 | 分量 / 克 |
|---|---|
| 高筋面粉 | 500 |
| 盐 | 10 |
| 蜂蜜 | 125 |
| 新鲜酵母 | 13 |
| 水 | 285 |
| 老面 | 150 |
| * 蜜地瓜【果料】 | 100 |
| * 高熔点巧克力【果料】 | 50 |
| 合计 | 1233 |

## 做法 | Method

*1. 除果料外，将其他材料先采用低速搅拌成团，再以中速搅拌至【扩展】完成阶段，搅拌完成后再用手拌入果料，拌匀，搅拌完成的面团温度为 26~28℃。

2. 置于室温下【基础发酵】约 60 分钟。

3. 将发酵好的面团分割为一颗约 330 克，再进行【中间发酵】约 30 分钟。

4. 将进行【中间发酵】后的面团，【整形】。

5. 【整形】好后，置于烤盘中做【最后发酵】约 60 分钟。

6. 放入烤箱中，设定上火 200 ℃ / 下火 170℃，蒸气为 5 秒，烤 20~25 分钟即完成。

### Chef's Remind
烘焙小秘诀

自己动手做蜜地瓜：请挑选黄肉地瓜 100 克，然后汆烫过糖水，糖与水的比例 1:1，待冷却后即可完成。

### Chef's Note
这样搭配面包最好吃！

地瓜巧克力面包搭配红茶一起食用风味较佳。

# 柠檬坚果 3个

| 材料 | Ingredients |

| 材料 | 分量 / 克 |
|---|---|
| 高筋面粉 | 500 |
| 盐 | 10 |
| 蜂蜜 | 125 |
| 新鲜酵母 | 13 |
| 水 | 285 |
| 老面 | 150 |
| *新鲜柠檬皮末 1 颗【果料】 | – |
| *烤过的杏仁片【果料】 | 50 |
| *烤过的核桃【果料】 | 50 |
| *合计 | 1183 |

| 做法 | Method |

1. 除果料外，将其他材料先采用低速搅拌成团，再以中速搅拌至【扩展】完成阶段，搅拌完成后再用手拌入果料，拌匀，搅拌完成的面团温度为 26~28℃。
2. 置于室温下【基础发酵】约 60 分钟。
3. 将发酵好的面团分割为一颗约 330 克，再进行【中间发酵】约 30 分钟。
4. 将进行【中间发酵】后的面团，【整形】。
5. 【整形】好后，置于烤盘中做【最后发酵】约 60 分钟。
6. 放入烤箱中，设定上火 200℃ / 下火 170℃，蒸气为 5 秒，烤 20~25 分钟即完成。

*Chef's Note*
这样搭配面包最好吃！

柠檬坚果面包适合搭配白酒一起食用。

# 香橙桂花 3个

## 材料　Ingredients

## 做法　Method

| 材料 | 份量 / 克 |
| --- | --- |
| 高筋面粉 | 500 |
| 盐 | 10 |
| 蜂蜜 | 125 |
| 新鲜酵母 | 13 |
| 水 | 285 |
| 老面 | 150 |
| *新鲜柳丁皮末1颗【果料】 | – |
| *干燥桂花【果料】 | 5 |
| 合计 | 1088 |

*1. 除果料外，将其他材料先采用低速搅拌成团，再以中速搅拌至【扩展】完成阶段，搅拌完成后再用手拌入果料，拌匀，搅拌完成的面团温度为 26~28℃。

2. 置于室温下【基础发酵】约 60 分钟。

3. 将发酵好的面团分割为一颗约 330 克，再进行【中间发酵】约 30 分钟。

4. 将进行【中间发酵】后的面团，【整形】。

5. 【整形】好后，置于烤盘中做【最后发酵】约 60 分钟。

6. 放入烤箱中，设定上火 200℃ / 下火 170℃，蒸气为 5 秒，烤 20~25 分钟即完成。

### Chef's Note
**这样搭配面包最好吃！**

香橙桂花搭配红茶一起食用风味更佳。

# 蜂巢吐司 2 条

## 材料 Ingredients

| 材料 | 分量 / 克 |
| --- | --- |
| 高筋面粉 | 500 |
| 盐 | 10 |
| 蜂蜜 | 125 |
| 新鲜酵母 | 13 |
| 水 | 285 |
| 老面 | 150 |
| 合计 | 1083 |

## 做法 Method

1. 将所有材料先采用低速搅拌成团，再以中速搅拌至【扩展】完成阶段，搅拌完成的面团温度为 26~28℃。
2. 置于室温下【基础发酵】约 60 分钟。
3. 将发酵好的面团分割为一颗约 500 克，再进行【中间发酵】约 30 分钟。
4. 将进行【中间发酵】后的面团，【整形】。
5. 【整形】好后，置于烤盘中做【最后发酵】约 60 分钟。
6. 放入烤箱中，设定上火 200℃ / 下火 170℃，蒸气为 5 秒，烤 20~25 分钟即完成。

*Chef's Note*
这样搭配面包最好吃！

蜂巢吐司烤热后搭配黄油，或搭配果香味重的红酒食用风味更佳。

# 果香蜂巢（苹果诺曼底）  4个

## 材料　Ingredients

| 材料 | 分量 / 克 |
| --- | --- |
| 高筋面粉 | 500 |
| 盐 | 10 |
| 蜂蜜 | 125 |
| 新鲜酵母 | 13 |
| 水 | 285 |
| 老面 | 150 |
| ＊苹果菠萝馅【果料】 | 250 |
| 合计 | 1333 |

## 材料 2　Ingredients

| ＊苹果菠萝馅材料 | 分量 / 克 |
| --- | --- |
| 苹果丁 | 100 |
| 菠萝丁 | 100 |
| 蔓越莓干 | 25 |
| 葡萄干 | 25 |
| 黄油 | 20 |

## 做法　Method

＊1. 除果料外，将其他材料先采用低速搅拌团，再以中速搅拌至【扩展】完成阶段搅拌完成后再用手拌入果料，拌匀，搅完成的面团温度为 26~28℃。

2. 置于室温下【基础发酵】约 60 分钟。

3. 将发酵好的面团分割为一颗约 330 克，进行【中间发酵】约 30 分钟。

＊4. 将进行【中间发酵】后的面团中包入苹果菠萝馅，【整形】。

5. 【整形】好后，置于烤盘中做【最后发酵】约 60 分钟。

6. 放入烤箱中，设定上火 200℃ / 下170℃，蒸气为 5 秒，烤 20~25 分钟即完成

### ★自己制作苹果菠萝馅

请准备材料 2，准备一口锅，锅热后加入黄油，再加入苹果丁及菠萝丁同炒，炒约 15 分后，再加入蔓越莓干、葡萄干续炒至收汁后即可。

*Chef's Note*
这样搭配面包最好吃！

果香蜂巢搭配黄油及红酒一起食用风味更佳。

# 02

CHAPTER

## 蜂巢系列

# 蜂蜜芝麻 3个

| 材料 | 份量 / 克 |
| --- | --- |
| 高筋面粉 | 500 |
| 盐 | 10 |
| 蜂蜜 | 125 |
| 新鲜酵母 | 13 |
| 水 | 285 |
| 老面 | 150 |
| * 黑芝麻【果料】 | 15 |
| * 黑芝麻粉【果料】 | 5 |
| 合计 | 1103 |

## 做法　Method

* 1. 除果料外，将其他材料先采用低速搅拌成团，再以中速搅拌至【扩展】完成阶段，搅拌完成后再用手拌入果料，拌匀，搅拌完成的面团温度为 26~28℃。

2. 置于室温下【基础发酵】约 60 分钟。

3. 将发酵好的面团分割为一颗约 330 克，再进行【中间发酵】约 30 分钟。

4. 将进行【中间发酵】后的面团，【整形】。

5. 【整形】好后，置于烤盘中做【最后发酵】约 60 分钟。

6. 放入烤箱中，设定上火 200℃ / 下火 170℃，蒸气为 5 秒，烤 20~25 分钟即完成。

### Chef's Remind
**烘焙小秘诀**

黑芝麻、黑芝麻粉都算果料之一。

### Chef's Note
**这样搭配面包最好吃！**

蜂蜜芝麻搭配黄油及白酒一起食用风味更佳。

# 蜜香白兰地  3个

| 材料 | Ingredients |
| --- | --- |

| 材料 | 分量 / 克 |
| --- | --- |
| 高筋面粉 | 500 |
| 盐 | 10 |
| 蜂蜜 | 125 |
| 新鲜酵母 | 13 |
| 水 | 285 |
| 老面 | 150 |
| * 白兰地 | 25 |
| 合计 | 1108 |

| 做法 | Method |
| --- | --- |

* 1. 将除白兰地外的其他材料先采用低速搅拌
　　成团，再以中速搅拌至【扩展】完成阶段，
　　面团搅拌完成后再加入白兰地拌匀，搅拌
　　完成的面团温度为 26~28℃。

2. 置于室温下【基础发酵】约 60 分钟。

3. 将发酵好的面团分割为一颗约 330 克，再
　 进行【中间发酵】约 30 分钟。

4. 将进行【中间发酵】后的面团，【整形】。

5. 【整形】好后，置于烤盘中做【最后发酵】
　 约 60 分钟。

6. 放入烤箱中，设定上火 200℃ / 下火
　 170℃，蒸气为 5 秒，烤 20~25 分钟即完成

 Chef's Note
这样搭配面包最好吃！

蜜香白兰地搭配发酵芝士及高山茶一起食
用风味更佳。

# Chapter 3.

# 维也纳系列

## 维也纳系列

　　维也纳面包口感位于欧式面包与台式面包之间，口感Q弹带点松软，但不属于高油、高糖配方，"松软口感"来自于添加鸡蛋、牛奶以及发酵程度的控制。这一系列产品比较像下午茶系列的面包。

## 维也纳系列基础配方

### 【主面团】基础材料　Ingredients

| 材料 | 分量 / 克 |
| --- | --- |
| 高筋面粉 | 500 |
| 盐 | 10 |
| 蜂蜜 | 50 |
| 高糖酵母粉 | 4 |
| 牛奶 | 75 |
| 水 | 265 |
| 老面 | 50 |
| 黄油 | 25 |
| 合计 | 979 |

## 【主面团】基本做法　Method

1. 除黄油外，将其他材料先采用低速搅拌至光滑后，再拌入黄油以中速搅拌至【扩展】完成
   阶段。搅拌完成的面团温度为 25~26℃。

2. 置于室温下【基础发酵】约 60 分钟，再翻面发酵约 30 分钟。

3. 将发酵好的面团分割为一颗约 220 克，再进行【中间发酵】约 20 分钟。

4. 将进行【中间发酵】后的面团，【整形】。

5. 【整形】好后，置于烤盘中做【最后发酵】50~60 分钟。

6. 放入烤箱中，设定上火 200℃ / 下火 170℃，蒸气设定为 3 秒，烤 18~23 分钟即完成。

# 维也纳巧克力  5个

---

## 材料 Ingredients

| 材料 | 分量 / 克 |
|------|---------|
| 高筋面粉 | 500 |
| 盐 | 10 |
| 蜂蜜 | 50 |
| 高糖酵母粉 | 4 |
| 牛奶 | 75 |
| 水 | 265 |
| 老面 | 50 |
| 黄油 | 25 |
| *苦甜高熔点巧克力【果料】 | 100 |
| 合计 | 1079 |

## 做法 Method

1. 除黄油和果料外，将其他材料先采用低速搅拌至光滑后，再拌入黄油以中速搅拌至【扩展】完成阶段。

* 2. 面团搅拌完成后再加入巧克力拌匀，搅拌完成的面团温度为 25~26℃。

3. 置于室温下【基础发酵】约 60 分钟，再进行翻面发酵约 30 分钟。

4. 将发酵好的面团分割为一颗 220g，再进行【中间发酵】约 20 分钟。

5. 将进行【中间发酵】后的面团，【整形】。

6. 【整形】好后，置于烤盘中做【最后发酵】50~60 分钟。

7. 放入烤箱中，设定上火 200℃ / 下火 170℃，蒸气设定为 3 秒，烤 18~23 分钟即完成。

---

说明：此系列标"*"的材料和做法为每款面包的个性化配方及步骤，其余部分为基础配方和基本步骤。

 *Chef's Note*
这样搭配面包最好吃！

维也纳巧克力搭配咖啡一起食用风味更佳。

# 葡萄奶酥 4个

## 材料 Ingredients

| 材料 | 分量 / 克 |
| --- | --- |
| 高筋面粉 | 500 |
| 盐 | 10 |
| 蜂蜜 | 50 |
| 高糖酵母粉 | 4 |
| 牛奶 | 75 |
| 水 | 265 |
| 老面 | 50 |
| 黄油 | 25 |
| * 酒制葡萄干【果料】 | 100 |
| 合计 | 1079 |

## 材料 2 Ingredients

| * 奶酥材料 | 分量 / 克 |
| --- | --- |
| 黄油 | 100 |
| 砂糖 | 100 |
| 鸡蛋 | 50 |
| 奶粉 | 100 |

## 做法 Method

1. 除黄油和果料外，将其他材料先采用低速搅拌至光滑后，再拌入黄油以中速搅拌至【扩展】完成阶段。

* 2. 面团搅拌完成后再加入酒制葡萄干拌匀，搅拌完成的面团温度为 25~26℃。

3. 置于室温下【基础发酵】约 60 分钟，再翻面发酵约 30 分钟。

4. 将发酵好的面团分割为一颗约 220 克，再进行【中间发酵】约 20 分钟。

5. 将进行【中间发酵】后的面团，【整形】。

6. 【整形】后，置于烤盘做【最后发酵】50~60 分钟。

* 7. 将发酵好的面团划刀后，将黄油、砂糖、鸡蛋及奶粉混合后制成的奶酥涂于面团表面。

8. 放入烤箱中，设定上火 200℃ / 下火 170℃，蒸气设定为 3 秒，烤 18~23 分钟即完成。

Chef's Note
这样搭配面包最好吃！
葡萄奶酥搭配水果果汁食用风味更佳。

# 核桃芝士包 4个

## 材料　Ingredients

| 材料 | 份量 / 克 |
| --- | --- |
| 高筋面粉 | 500 |
| 盐 | 10 |
| 蜂蜜 | 50 |
| 高糖酵母粉 | 4 |
| 牛奶 | 75 |
| 水 | 265 |
| 老面 | 50 |
| 黄油 | 25 |
| *核桃（烤过）【果料】 | 75 |
| *高熔点芝士【果料】 | 75 |
| 合计 | 1129 |

## 做法　Method

1. 除黄油和果料外，将其他材料先采用低速搅拌至光滑后，再拌入黄油以中速搅拌至【扩展】完成阶段。

*2. 面团搅拌完成后再加入果料拌匀，搅拌完成的面团温度为 25~26℃。

3. 置于室温下【基础发酵】约 60 分钟，再翻面发酵约 30 分钟。

4. 将发酵好的面团分割为一颗约 220 克，再进行【中间发酵】约 20 分钟。

*5. 将进行【中间发酵】后的面团中包入芝士，【整形】。

6. 【整形】后，置于烤盘做【最后发酵】50~60 分钟。

7. 放入烤箱中，设定上火 200℃ / 下火 170℃，蒸气设定为 3 秒，烤 18~23 分钟即完成。

 **Chef's Note**
这样搭配面包最好吃！

核桃芝士搭配红酒一起食用风味更佳。

# 亚麻籽双果（芒果、蔓越莓） 4个

| 材料 | Ingredients |
|---|---|

| 做法 | Method |
|---|---|

| 材料 | 分量 / 克 |
|---|---|
| 高筋面粉 | 500 |
| 盐 | 10 |
| 蜂蜜 | 50 |
| 高糖酵母粉 | 4 |
| 牛奶 | 75 |
| 水 | 265 |
| 老面 | 50 |
| 黄油 | 25 |
| * 亚麻籽【果料】 | 25 |
| * 蔓越莓干【果料】 | 75 |
| * 芒果干【果料】 | 75 |
| 合计 | 1154 |

1. 除黄油和果料外，将其他材料先采用低速搅拌至光滑后，再拌入黄油以中速搅拌至【扩展】完成阶段。

*2. 面团搅拌完成后再加入果料拌匀，搅拌完成的面团温度为 25~26℃。

3. 置于室温下【基础发酵】约 60 分钟，再翻面发酵约 30 分钟。

4. 将发酵好的面团分割为一颗约 220 克，再进行【中间发酵】约 20 分钟。

5. 将进行【中间发酵】后的面团，【整形】。

6. 【整形】后，置于烤盘做【最后发酵】50~60 分钟。

7. 放入烤箱中，设定上火 200℃ / 下火 170℃，蒸气设定为 3 秒，烤 18~23 分钟即完成。

*Chef's Note*
这样搭配面包最好吃！

亚麻籽双果搭配红酒一起饮用风味更佳。

# 蜂蜜盐黄油卷

| 材料 Ingredients | | | 做法 Method |
| --- | --- | --- | --- |

## 材料 Ingredients

| 材料 | 分量 / 克 |
| --- | --- |
| 高筋面粉 | 500 |
| 盐 | 10 |
| 蜂蜜 | 50 |
| 高糖酵母粉 | 4 |
| 牛奶 | 75 |
| 水 | 265 |
| 老面 | 50 |
| 黄油 | 25 |
| 合计 | 979 |

## 其他材料 Ingredients

| 材料 | 分量 / 克 |
| --- | --- |
| * 黄油 | 适量 |
| * 海盐 | 适量 |

## 做法 Method

1. 除黄油外，将其他材料先采用低速搅拌至光滑后，再拌入黄油以中速搅拌至【扩展】完成阶段。搅拌完成的面团温度为 25~26℃。

2. 置于室温下【基础发酵】约 60 分钟，再翻面发酵约 30 分钟。

3. 将发酵好的面团分割为一颗约 220 克，再进行【中间发酵】约 20 分钟。

4. 将进行【中间发酵】后的面团，【整形】。

* 5. 【整形】后卷入软化后的黄油，表面撒上海盐，置于烤盘做【最后发酵】50~60 分钟。

6. 放入烤箱中，设定上火 200℃ / 下火 170℃，蒸气设定为 3 秒，烤 18~23 分钟即完成。

**Chef's Note**
这样搭配面包最好吃！

蜂蜜盐黄油卷搭配白酒一起食用风味更佳。

# 伯爵蔓越莓干 4个

## 材料　Ingredients

| 材料 | 份量 / 克 |
| --- | --- |
| 高筋面粉 | 500 |
| 盐 | 10 |
| 蜂蜜 | 50 |
| 高糖酵母粉 | 4 |
| 牛奶 | 75 |
| 水 | 265 |
| 老面 | 50 |
| 黄油 | 25 |
| *伯爵茶粉【果料】 | 5 |
| *蔓越莓干【果料】 | 100 |
| 合计 | 1084 |

## 做法　Method

1. 除黄油和果料外，将其他材料先采用低速搅拌至光滑后，再拌入黄油以中速搅拌至【扩展】完成阶段。

*2. 机器拌匀伯爵茶料，再用手拌入蔓越莓干，拌匀即可，搅拌完成的面团温度为25~26℃。

3. 置于室温下【基础发酵】约60分钟，再翻面发酵约30分钟。

4. 将发酵好的面团分割为一颗约220克，再进行【中间发酵】约20分钟。

5. 将进行【中间发酵】后的面团，【整形】。

6. 【整形】好后，置于烤盘中做【最后发酵】50~60分钟。

7. 放入烤箱中，设定上火200℃ / 下火170℃，蒸气设定为3秒，烤18~23分钟即完成。

 **Chef's Note**
这样搭配面包最好吃！

伯爵蔓越莓干搭配黄油以及果汁一起食用风味更佳。

# 03

CHAPTER / 维也纳系列

# 果香无花果（葡萄球菌）  4个

## 材料 Ingredients

| 材料 | 分量 / 克 |
|---|---|
| 高筋面粉 | 500 |
| 盐 | 10 |
| 蜂蜜 | 50 |
| 高糖酵母粉 | 4 |
| 牛奶 | 75 |
| 水 | 265 |
| 老面 | 50 |
| 黄油 | 25 |
| * 酒渍无花果干【果料】 | 75 |
| * 烤过杏仁片【果料】 | 25 |
| * 南瓜子【果料】 | 25 |
| * 蔓越莓干【果料】 | 50 |
| 合计 | 1154 |

## 做法 Method

1. 除黄油及果料外，将其他材料先采用低i
   搅拌至光滑后，再拌入黄油以中速搅拌i
   【扩展】完成阶段。

* 2. 再用手拌入果料，拌匀即可，搅拌完成的
   面团温度为 25~26℃。

3. 置于室温下【基础发酵】约 60 分钟，再翻
   面发酵约 30 分钟。

4. 将发酵好的面团分割为一颗 220 克，再i
   行【中间发酵】约 20 分钟。

5. 将进行【中间发酵】后的面团，【整形】。

6. 【整形】好后，置于烤盘中做【最后发酵】
   50~60 分钟。

7. 放入烤箱中，设定上火 200℃ / 下i
   170℃，蒸气设定为 3 秒，烤 18~23 分钟
   即完成。

**Chef's Note**
这样搭配面包最好吃！

果香无花果搭配黄油及高山茶类一起食用
风味更佳。

# 蜂蜜牛奶吐司

## 材料 ｜ Ingredients

| 材料 | 分量 / 克 |
| --- | --- |
| 高筋面粉 | 500 |
| 盐 | 10 |
| 蜂蜜 | 50 |
| 高糖酵母粉 | 4 |
| 牛奶 | 75 |
| 水 | 265 |
| 老面 | 50 |
| 黄油 | 25 |
| 合计 | 979 |

## 做法 ｜ Method

1. 除黄油外，将其他材料先采用低速搅拌至光滑后，再拌入黄油以中速搅拌至【扩展】完成阶段。

2. 搅拌完成的面团温度为 25~26℃。

3. 置于室温下【基础发酵】约 60 分钟，再翻面发酵约 30 分钟。

* 4. 将发酵好的面团分割为一颗约 500 克，再进行【中间发酵】约 20 分钟。

* 5. 将进行【中间发酵】后的面团，【整形】后放入烤吐司模 9 分满。

* 6. 【整形】好后，置于吐司模中做【最后发酵】50~60 分钟，烤前以剪刀剪开中心并挤上黄油。

7. 放入烤箱中，设定上火 200℃ / 下火 170℃，蒸气设定为 3 秒，烤 18~23 分钟即完成。

*Chef's Note*
这样搭配面包最好吃！

蜂蜜牛奶吐司搭配蜂蜜及咖啡一起食用风味更佳。

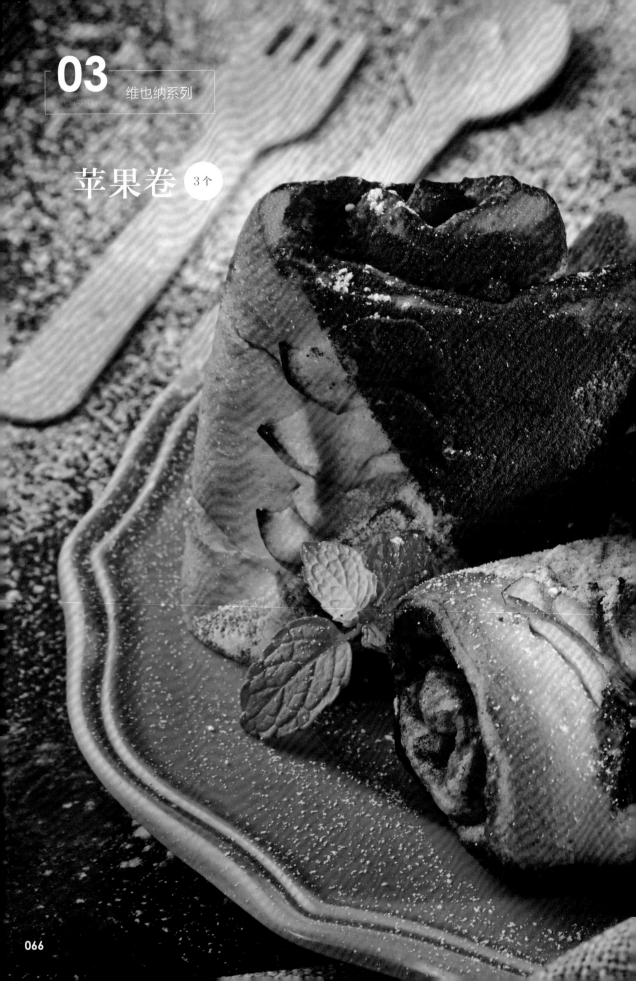

# 03

## 苹果卷 3个

| 材料 | 份量 / 克 |
|------|----------|
| 高筋面粉 | 500 |
| 盐 | 10 |
| 蜂蜜 | 50 |
| 高糖酵母粉 | 4 |
| 牛奶 | 75 |
| 水 | 265 |
| 老面 | 50 |
| 黄油 | 25 |
| * 新鲜苹果丁 1/4 颗【果料】 | – |
| * 蔓越莓干【果料】 | 15 |
| * 葡萄干【果料】 | 15 |
| * 核桃【果料】 | 15 |
| * 杏仁片【果料】 | 15 |
| 合计 | 1039 |

## 材料2　Ingredients

| * 肉桂糖粉材料 | 份量 / 克 |
|------|----------|
| * 肉桂粉 | 适量 |
| * 黑糖 | 适量 |
| * 细砂糖 | 适量 |

★ 肉桂粉、黑糖、细砂糖的比例约为 2:1:1，将所有材料混合即成为肉桂糖粉。

## 做法　Method

1. 除黄油及果料外，将其他材料先采用低速搅拌至光滑后，再拌入黄油以中速搅拌至【扩展】完成阶段。

2. 搅拌完成的面团温度为 25~26℃。

3. 置于室温下【基础发酵】约 60 分钟，再翻面发酵约 30 分钟。

* 4. 将发酵好的面团展开，并撒上肉桂糖粉后卷起，分割为一颗约 220 克，再进行【中间发酵】约 20 分钟。

5. 将进行【中间发酵】后的面团，【整形】。

* 6. 【整形】擀开撒上肉桂糖粉再撒上果料卷起后，置于烤盘中做【最后发酵】50~60 分钟。

* 7. 烤前铺上苹果片再刷上黄油，放入烤箱中，设定上火 200℃ / 下火 170℃，蒸气设定为 3 秒，烤 18~23 分钟即完成。

**Chef's Note**
这样搭配面包最好吃！

苹果卷搭配咖啡一起食用风味更佳。

# 伯爵黑糖甜甜圈

## 材料 Ingredients

| 材料 | 分量 / 克 |
| --- | --- |
| 高筋面粉 | 500 |
| 盐 | 10 |
| 蜂蜜 | 50 |
| 高糖酵母粉 | 4 |
| 牛奶 | 75 |
| 水 | 265 |
| 老面 | 50 |
| 黄油 | 25 |
| * 伯爵茶粉 | 2.5 |
| * 黑糖 | 5 |
| 合计 | 986.5 |

## 做法 Method

1. 除黄油、伯爵茶粉和黑糖外，将其他材料先采用低速搅拌至光滑后，再拌入黄油以中速搅拌至【扩展】完成阶段。

* 2. 以机器拌入部分伯爵茶粉搅拌均匀，搅拌完成的面团温度为 25~26℃。

3. 置于室温下【基础发酵】约 60 分钟，再翻面发酵约 30 分钟。

4. 将发酵好的面团分割为一颗约 100 克，再进行【中间发酵】约 20 分钟。

* 5. 将进行【中间发酵】后的面团，【整形】成甜甜圈状。

6. 【整形】好后，置于烤盘中做【最后发酵】50~60 分钟。

* 7. 准备油锅，油温 180℃将甜甜圈放入油锅中油炸定型后沾裹伯爵茶粉及黑糖。

8. 放入烤箱中，设定上火 200℃ / 下火 170℃，蒸气设定为 3 秒，烤 18~23 分钟即完成。

*Chef's Note*
这样搭配面包最好吃！
伯爵黑糖甜甜圈搭配高山茶一起食用风味更佳。

# 03

**CHAPTER** / 维也纳系列

# 芒果巧克力  5个

| 材料 | Ingredients |
| --- | --- |

| 材料 | 分量 / 克 |
| --- | --- |
| 高筋面粉 | 500 |
| 盐 | 10 |
| 蜂蜜 | 50 |
| 高糖酵母粉 | 4 |
| 牛奶 | 75 |
| 水 | 265 |
| 老面 | 50 |
| 黄油 | 25 |
| *苦甜高熔点巧克力【果料】 | 50 |
| *芒果干【果料】 | 100 |
| 合计 | 1129 |

| 做法 | Method |
| --- | --- |

1. 除黄油及果料外，将其他材料先采用低速搅拌至光滑后，再拌入黄油以中速搅拌至【扩展】完成阶段。

*2. 再用手拌入果料，拌匀即可，搅拌完成的面团温度为 25~26℃。

3. 置于室温下【基础发酵】约 60 分钟，再翻面发酵约 30 分钟。

4. 将发酵好的面团分割为一颗约 220 克，再进行【中间发酵】约 20 分钟。

5. 将进行【中间发酵】后的面团，【整形】。

6.【整形】好后，置于烤盘中做【最后发酵】50~60 分钟。

7. 放入烤箱中，设定上火 200℃ / 下火 170℃，蒸气设定为 3 秒，烤 18~23 分钟即完成。

*Chef's Note*
这样搭配面包最好吃！

芒果巧克力搭配红酒一起食用风味更佳。

# 米香三星葱

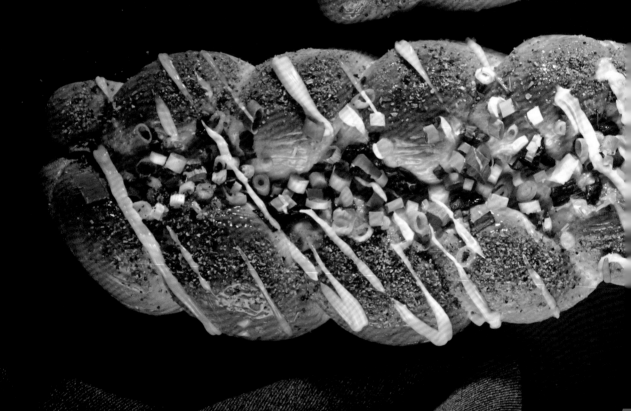

## 材料　Ingredients

| 材料 | 份量 / 克 |
| --- | --- |
| 高筋面粉 | 500 |
| 盐 | 10 |
| 蜂蜜 | 50 |
| 高糖酵母粉 | 4 |
| 牛奶 | 75 |
| 水 | 265 |
| 老面 | 50 |
| 黄油 | 25 |
| *熟紫米 | 50 |
| *三星葱末 | 75 |
| 合计 | 1104 |

## 做法　Method

1. 除黄油、熟紫米、三星葱末外，将其他材料先采用低速搅拌至光滑后，再拌入黄油以中速搅拌至【扩展】完成阶段。

*2. 机器拌匀熟紫米、三星葱末，拌匀即可，搅拌完成的面团温度为 25~26℃。

3. 置于室温下【基础发酵】约 60 分钟，再翻面发酵约 30 分钟。

*4. 将发酵好的面团分割为一颗约 220 克，再进行【中间发酵】约 20 分钟。

5. 将进行【中间发酵】后的面团，【整形】。

6. 【整形】好后，置于烤盘中做【最后发酵】50~60 分钟。

7. 放入烤箱中，设定上火 200℃ / 下火 170℃，蒸气设定为 3 秒，烤 18~23 分钟。

*8. 出炉后再撒上葱花（或者喜爱美乃滋口味的人可再加上美乃滋装饰并增添风味）即可完成。

★ 三星葱可用香葱代替。

*Chef's Note*
这样搭配面包最好吃！

米香三星葱搭配高山茶类一起食用风味更佳。

# 香草蜜牛奶吐司 2条

## 材料　Ingredients

| 材料 | 分量 / 克 |
| --- | --- |
| 高筋面粉 | 500 |
| 盐 | 10 |
| 蜂蜜 | 50 |
| 高糖酵母粉 | 4 |
| 牛奶 | 75 |
| 水 | 265 |
| 老面 | 50 |
| 黄油 | 25 |
| * 香草荚 1 条 | — |
| 合计 | 979 |

## 做法　Method

* 1. 除黄油和香草荚外，将其他材料先采用低
速搅拌至光滑后，再拌入黄油、香草荚料
（用刀剖开香草荚，刮出里面的籽）以中
速搅拌至【扩展】完成阶段。

2. 搅拌完成的面团温度为 25~26℃。

3. 置于室温下【基础发酵】约 60 分钟，再翻
面发酵约 30 分钟。

4. 将发酵好的面团分割为一颗约 500 克，再
进行【中间发酵】约 20 分钟。

5. 将进行【中间发酵】后的面团，【整形】。

6. 【整形】好后，放入吐司模 9 分满。在吐
司模中做【最后发酵】50~60 分钟。

7. 放入烤箱中，设定上火 200℃ / 下火
170℃，蒸气设定为 3 秒，烤 18~23 分钟
即完成。

Chef's Note
这样搭配面包最好吃！

香草蜜牛奶吐司适合搭配黄油、芝士或果酱，
而饮品为适合搭配的咖啡或红茶。

# 蜂蜜菠萝包  10个

## 材料 1 Ingredients

| 主面团（6人份） | 分量 / 克 |
|---|---|
| 高筋面粉 | 500 |
| 盐 | 7.5 |
| 蜂蜜 | 75 |
| 高糖酵母粉 | 12.5 |
| 牛奶 | 75 |
| 水 | 265 |
| 老面 | 50 |
| 黄油 | 40 |
| 合计 | 1025 |

## 材料 2 Ingredients

| * 蜂蜜菠萝皮材料 | 分量 / 克 |
|---|---|
| 无盐黄油 | 64 |
| 蜂蜜 | 32 |
| 砂糖 | 32 |
| 全蛋液 | 43 |
| 奶粉 | 16 |
| 低筋面粉 | 120 |
| 合计 | 307 |

## 材料 3 Ingredients

| * 手工菠萝猕猴桃百香果果酱材料 | 分量 / 克 |
|---|---|
| 菠萝 | 500 |
| 猕猴桃果 | 300 |
| 百香果 | 1 颗 |
| 糖 | 250 |

### 做法 1 蜂蜜菠萝皮 Method

* 请准备材料 2，并将无盐黄油、砂糖、蜂蜜打发后，加入全蛋液，拌匀后加入奶粉与低筋面粉，制作成团。

### 做法 2 蜂蜜菠萝包 Method

1. 除黄油外，将主面团其他材料先采用低速搅拌至成团，然后以中速搅拌至光滑后再拌入黄油以中速搅拌至【完成】阶段。

2. 搅拌完成的面团温度为 26~28℃。

3. 置于室温下【基础发酵】约 60 分钟。

* 4. 将发酵好的面团分割为一颗约 100 克，滚圆，再进行【中间发酵】15~20 分钟。

* 5. 包上菠萝皮【整形】后，置于烤盘中做【最后发酵】45~55 分钟。

* 6. 放入烤箱中，设定上火 200℃/ 下火 170℃烤 12~15 分钟即可。

> ★自制手工菠萝猕猴桃百香果果酱—请准备材料 3
>
> 1. 将所有水果洗净去皮切丁后，放入平底锅。
> 2. 开大火煮滚，出水后，加入糖，炒至收汁。
> 3. 罐装放凉即可完成。

**Chef's Note**
这样搭配面包最好吃！

蜂蜜菠萝包适合搭配手工菠萝猕猴
桃百香果果酱一起食用风味更佳。

# Chapter 4
# 全麦系列

## 全麦系列

　　以前台湾的全麦面包是高筋面粉加麸皮再加一些其他材料制成的，因此许多人对全麦面包的记忆就是咖啡色有麸皮。而现在是直接进口法国或日本的全麦面粉来制作，全麦面粉本身呈黄灰色添加后也不会变成咖啡色面包，只是看起来稍微有点偏黄色。

　　也有人反应不喜欢全麦的口感和味道，所以我在全麦面包系列的配方里添加些许蜂蜜缓和全麦的浓郁，这样品尝时不会有突兀的麦味，味道也会柔和一点。而此系列也做了许多口味的变化，希望以健康为诉求之余，仍能满足口感的奢求。

## 全麦系列配方

### 【主面团】基础材料 Ingredients

| 材料 | 分量 / 克 |
| --- | --- |
| T55 法国面粉 | 250 |
| 高筋面粉 | 150 |
| 全麦粉 | 100 |
| 盐 | 10 |
| 蜂蜜 | 50 |
| 新鲜酵母 | 10 |
| 水 | 340 |
| 老面 | 150 |
| 黄油 | 25 |
| 合计 Total | 1085 |

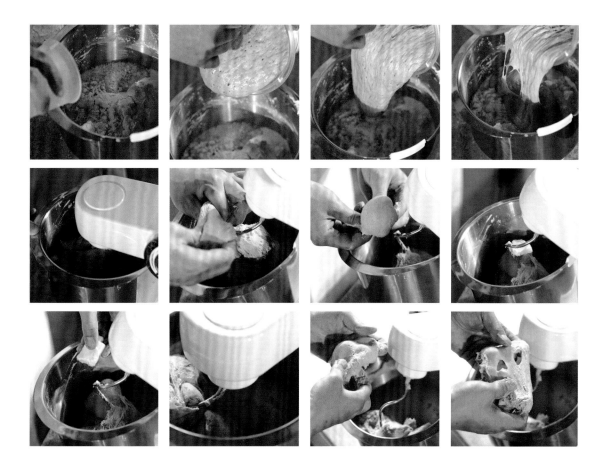

## 主面团做法 / Method

1. 除黄油外，将其他材料先采用低速搅拌成团，再以中速搅拌至【扩展】完成阶段。

2. 搅拌完成的面团温度为 25~26℃。

3. 置于室温下【基础发酵】约 60 分钟，再翻面发酵约 30 分钟。

4. 将发酵好的面团分割为一颗约 250 克，再进行【中间发酵】约 25 分钟。

5. 将进行【中间发酵】后的面团，【整形】。

6. 【整形】好后，置于烤盘中做【最后发酵】50~60 分钟。

7. 放入烤箱中，设定上火 210℃ / 下火 190℃，蒸气设定为 5 秒，烤 20~25 分钟即完成。

### Chef's Remind
烘焙小秘诀

全麦面包不用揉到 [ 完全 ] 阶段，揉到 [ 扩展 ] 阶段即可。

# 全麦杂粮面包（葡萄球菌）3个

## 液种面团（葡萄球菌） Ingredients

| 材料 | 分量 / 克 |
| --- | --- |
| T55 法国面粉 | 150 |
| 葡萄球菌液 | 150 |
| 合计 | 300 |

## 主面团 Ingredients

| 材料 | 分量 / 克 |
| --- | --- |
| 液种面团 | 300 |
| 高筋面粉 | 250 |
| 全麦粉 | 100 |
| 盐 | 10 |
| 砂糖 | 20 |
| 低糖酵母粉 | 5 |
| 奶粉 | 30 |
| 水 | 190 |
| 黄油 | 10 |
| 南瓜子【果料】 | 25 |
| 亚麻籽【果料】 | 5 |
| 葵瓜子【果料】 | 25 |
| 葡萄干【果料】 | 50 |
| 蔓越莓干【果料】 | 50 |
| 合计 | 1070 |

## 液种面团做法 Method

将所有材料充分混合后搅拌均匀即可，在室温25℃左右环境下【发酵】16~18小时（夏天可放在空调环境下）

## 主面团做法 Method

1. 将主面团中除黄油和果料外的其他材料先采用低速搅拌至光滑，接着拌入黄油以中速搅拌至【扩展】完成阶段，再用手拌入果料，拌匀即可，搅拌完成的面团温度为25~27℃。

2. 置于室温下【基础发酵】约60分钟，再翻面发酵约60分钟。

3. 将发酵好的面团分割为一颗约300克，再进行【中间发酵】约25分钟后，【整形】。

4. 【整形】好后，放入烤盘中做【最后发酵】40~50分钟。

5. 放入烤箱中，设定上火210℃ / 下火190℃，蒸气设定为5秒，烤20~25分钟即完成。

*Chef's Note*
这样搭配面包最好吃！

全麦杂粮适合搭配黄油或芝士，饮品则搭
配咖啡或茶类风味更佳。

# 伯爵蔓越莓干巧克力 5个

## 材料 Ingredients

| 材料 | 分量 / 克 |
|------|-----------|
| T55 法国面粉 | 250 |
| 高筋面粉 | 150 |
| 全麦粉 | 100 |
| 盐 | 10 |
| 蜂蜜 | 50 |
| 新鲜酵母 | 10 |
| 水 | 340 |
| 老面 | 150 |
| 黄油 | 25 |
| 伯爵茶粉 | 5 |
| 苦甜高熔点巧克力【果料】 | 50 |
| 蔓越莓干【果料】 | 100 |
| 合计 Total | 1240 |

## 做法 Method

1. 除黄油及伯爵茶粉、果料外，将其他材料先采用低速搅拌成团，再以中速搅拌至【扩展】完成阶段。

2. 机器拌匀伯爵茶粉，再用手拌入果料，拌匀即可，搅拌完成的面团温度为 25~26℃。

3. 置于室温下【基础发酵】约 60 分钟，再翻面发酵约 30 分钟。

4. 将发酵好的面团分割为一颗约 250 克，再进行【中间发酵】约 25 分钟。

5. 将进行【中间发酵】后的面团，【整形】。

6. 【整形】好后，放置烤盘中做【最后发酵】50~60 分钟。

7. 放入烤箱中，设定上火 210℃ / 下火 190℃，蒸气设定为 5 秒，烤 20~25 分钟即完成。

**Chef's Note**
这样搭配面包最好吃！

伯爵蔓越莓干巧克力适合搭配黄油，饮品则搭配咖啡一起食用风味更佳。

# 全麦乡村（葡萄球菌） 2个

## 液种面团（葡萄球菌）材料　Ingredients

| 材料 | 份量 / 克 |
| --- | --- |
| T55 法国面粉 | 150 |
| 葡萄球菌液 | 150 |
| 合计 | 300 |

## 主面团　Ingredients

| 材料 | 份量 / 克 |
| --- | --- |
| 液种面团 | 300 |
| 高筋面粉 | 250 |
| 全麦粉 | 100 |
| 盐 | 10 |
| 砂糖 | 20 |
| 低糖酵母粉 | 5 |
| 奶粉 | 30 |
| 水 | 190 |
| 黄油 | 10 |
| 合计 | 915 |

## 液种面团做法　Method

将所有材料充分混合后搅拌均匀即可，在室温下【发酵】16~18 小时。（夏天可放在空调环境下）

## 主面团做法　Method

1. 将主面团中除黄油外其他材料先采用低速搅拌至光滑，接着拌入黄油以中速搅拌至【扩展】完成阶段，搅拌完成的面团温度为 25~27℃。
2. 置于室温下【基础发酵】约 60 分钟，再翻面发酵约 60 分钟。
3. 将发酵好的面团分割为一颗约 450 克，再进行【中间发酵】约 25 分钟后，【整形】。
4. 【整形】好后，放入烤盘中做【最后发酵】40~50 分钟。
5. 放入烤箱中，设定上火 210℃ / 下火 190℃，蒸气设定为 5 秒，烤 20~25 分钟即完成。

### Chef's Note
这样搭配面包最好吃！

全麦乡村适合搭配黄油，饮品则建议搭配牛奶一起食用风味更佳。

# 红豆核桃  5个

## 材料 Ingredients

| 材料 | 分量 / 克 |
|---|---|
| T55 法国面粉 | 250 |
| 高筋面粉 | 150 |
| 全麦粉 | 100 |
| 盐 | 10 |
| 蜂蜜 | 50 |
| 新鲜酵母 | 10 |
| 水 | 340 |
| 老面 | 150 |
| 黄油 | 25 |
| 蜜红豆【果料】 | 100 |
| 核桃【果料】 | 75 |
| 合计 Total | 1260 |

## 主面团做法 Method

1. 除黄油、果料外，将其他材料先采用低速搅拌成团，再以中速搅拌至【扩展】完成阶段。

2. 再用手拌入果料，拌匀即可，搅拌完成的面团温度为 25~26℃。

3. 置于室温下【基础发酵】约 60 分钟，再翻面发酵为 30 分钟。

4. 将发酵好的面团分割为一颗约 250 克，再进行【中间发酵】约 25 分钟。

5. 将进行【中间发酵】后的面团，【整形】。

6. 【整形】好后，放置烤盘中做【最后发酵】50~60 分钟。

7. 放入烤箱中，设定上火 210℃ / 下火 190℃，蒸气设定为 5 秒,烤 20~25 分钟即完成。

**Chef's Note**
这样搭配面包最好吃！

红豆核桃适合搭配芝士或黄油，饮品则搭配高山茶风味更佳。

# 04
CHAPTER / 全麦系列

# 葡萄干核桃（葡萄球菌）  3个

## 液种面团（葡萄球菌） Ingredients

| 材料 | 分量 / 克 |
|---|---|
| T55 法国面粉 | 150 |
| 葡萄球菌液 | 150 |
| 合计 | 300 |

## 液种面团做法 Method

将所有材料充分混合后搅拌均匀即可，在室温下【发酵】16~18 小时（夏天可放在空调环境下）。

## 主面团材料 Ingredients

| 材料 | 分量 / 克 |
|---|---|
| 液种面团 | 300 |
| 高筋面粉 | 250 |
| 全麦粉 | 100 |
| 盐 | 10 |
| 砂糖 | 20 |
| 低糖酵母粉 | 5 |
| 奶粉 | 30 |
| 水 | 190 |
| 黄油 | 10 |
| 葡萄干【果料】 | 125 |
| 核桃【果料】 | 50 |
| 合计 | 1090 |

## 主面团做法 Method

1. 除黄油及果料外，将主面团其他材料先采用低速搅拌至光滑，接着拌入黄油以中速搅拌至【扩展】完成阶段，再用手拌入果料，拌匀即可，搅拌完成的面团温度为 25~27℃。

2. 置于室温下【基础发酵】约 60 分钟，再翻面发酵约 60 分钟。

3. 将发酵好的面团分割为一颗约 300 克，再进行【中间发酵】约 25 分钟后，【整形】。

4. 【整形】好后，放入烤盘中做【最后发酵】40~50 分钟。

5. 放入烤箱中，设定上火 210℃ / 下火 190℃，蒸气设定为 5 秒，烤 20~25 分钟即完成。

**Chef's Note**
这样搭配面包最好吃！

葡萄干核桃搭配黄油及红酒一同食用风味
更佳。

# 04
全麦系列

## 酒酿桂圆（葡萄球菌 3个

| 液种面团 | Ingredients |
|---|---|

| 材料 | 份量 / 克 |
|---|---|
| T55 法国面粉 | 150 |
| 葡萄球菌液 | 150 |
| 合计 | 300 |

| 主面团 | Ingredients |
|---|---|

| 材料 | 份量 / 克 |
|---|---|
| 液种面团 | 300 |
| 高筋面粉 | 250 |
| 全麦粉 | 100 |
| 盐 | 10 |
| 砂糖 | 20 |
| 低糖酵母粉 | 5 |
| 奶粉 | 30 |
| 水 | 190 |
| 黄油 | 10 |
| 酒制桂圆【果料】 | 125 |
| 核桃【果料】 | 50 |
| 合计 | 1090 |

## 液种面团做法　Method

将所有材料充分混合后搅拌均匀即可，在室温下【发酵】16~18 小时（夏天可放在空调环境下）。

## 主面团做法　Method

1. 除黄油及果料外将其他材料先采用低速搅拌至光滑，接着拌入黄油以中速搅拌至【扩展】完成阶段，再用手拌入果料，拌匀即可，搅拌完成的面团温度为 25~27℃。
2. 置于室温下【基础发酵】约 60 分钟，再翻面发酵约 60 分钟。
3. 将发酵好的面团分割为一颗约 300 克，再进行【中间发酵】约 25 分钟后，【整形】。
4. 【整形】好后，放入烤盘中做【最后发酵】40~50 分钟。
5. 放入烤箱中，设定上火 210℃ / 下火 190℃，蒸气设定为 5 秒，烤 20~25 分钟即完成。

 *Chef's Note*
这样搭配面包最好吃！

酒酿桂圆搭配黄油及威士忌酒一同食用风味更佳。

# 全麦吐司（中种）  2条

| 中种面团 | Ingredients |
|---|---|
| 材料 | 分量 / 克 |
| 高筋面粉 | 150 |
| 全麦粉 | 100 |
| 新鲜酵母 | 10 |
| 水 | 150 |
| 合计 Total | 410 |

| 主面团 | Ingredients |
|---|---|
| 材料 | 分量 / 克 |
| 中种面团 | 410 |
| T55 法国面粉 | 250 |
| 盐 | 10 |
| 蜂蜜 | 50 |
| 水 | 190 |
| 老面 | 150 |
| 黄油 | 25 |
| 合计 | 1085 |

| 中种面团做法 | Method |
|---|---|

将所有材料充分混合后搅拌均匀，在室温下【发酵】约 1.5 小时即可。

| 主面团做法 | Method |
|---|---|

1. 将主面团中除黄油外的其他材料先采用低速搅拌至光滑，接着拌入黄油以中速搅拌至【扩展】完成阶段，搅拌完成的面团温度为 25~26℃。
2. 置于室温下【基础发酵】约 40 分钟。
3. 将发酵好的面团分割为一颗约 500 克，第一折【中间发酵】约 15 分钟后 2 折入模。
4. 【整形】成两球一模，放入吐司模 9 分满，放入烤盘中做【最后发酵】40~50 分钟。
5. 放入烤箱中，设定上火 140℃ / 下火 230℃，蒸气设定为 3 秒，烤 30~35 分钟即完成。

**Chef's Note**
这样搭配面包最好吃！

全麦吐司（中种）搭配黄油、果酱，饮品搭配牛奶或咖啡食用风味更佳，若为携带方便也可制成三明治。

# 全麦巧巴达 ③个

## 液种面团 | Ingredients

| 材料 | 分量 / 克 |
| --- | --- |
| T55 法国面粉 | 150 |
| 水 | 150 |
| 低糖酵母粉 | 0.05 |
| 合计 | 300.05 |

## 主面团 | Ingredients

| 材料 | 分量 / 克 |
| --- | --- |
| 液种面团 | 300.05 |
| 高筋面粉 | 250 |
| 全麦粉 | 100 |
| 盐 | 10 |
| 低糖酵母粉 | 2.5 |
| 水 | 190 |
| 碎冰 | 100 |
| 老面 | 50 |
| 橄榄油 | 35 |
| 合计 | 1037.55 |

## 液种面团做法 | Method

将所有材料充分混合后搅拌均匀即可，在室温下【发酵】16~18 小时（夏天可放在空调环境下）。

## 主面团做法 | Method

1. 将【主面团】材料中碎冰以上的所有材料先采用低速搅拌至光滑后加入碎冰，接着拌入橄榄油和老面以中速搅拌至【完成】阶段，搅拌完成的面团温度为 22~24℃。

2. 置于室温下【基础发酵】约 60 分钟，然后翻面发酵约 60 分钟，再次翻面发酵约 30 分钟。

3. 将发酵好的面团分割为一颗约 300 克，再进行【最后发酵】约 40 分钟。

4. 放入烤箱中，温度设定为 220℃，蒸气设定为 5 秒，烤约 25 分钟即完成。

*Chef's Note*
这样搭配面包最好吃！

全麦巧巴达搭配浓汤、红酒一同食用风味更佳。

# 西西里风巧巴达 4个

| 液种面团 | Ingredients |
|---|---|
| **材料** | **份量 / 克** |
| T55 法国面粉 | 150 |
| 水 | 150 |
| 低糖酵母粉 | 0.05 |
| 合计 | 300.05 |

| 主面团 | Ingredients |
|---|---|
| **材料** | **份量 / 克** |
| 液种面团 | 300.05 |
| 高筋面粉 | 250 |
| 全麦粉 | 100 |
| 盐 | 10 |
| 低糖酵母粉 | 2.5 |
| 水 | 190 |
| 碎冰 | 100 |
| 老面 | 50 |
| 橄榄油 | 35 |
| 新鲜罗勒【果料】 | 25 |
| 新鲜圣女果切片【果料】 | 50 |
| 高熔点芝士丁【果料】 | 75 |
| 合计 | 1187.55 |

## 液种面团做法　Method

将所有材料充分混合后搅拌均匀即可，在室温下【发酵】16~18 小时（夏天可放在空调环境下）。

## 主面团做法　Method

1. 将【主面团材料】中碎冰以上的材料先采用低速搅拌至光滑后加入碎冰，接着拌入橄榄油和老面以中速搅拌至【完成】阶段，再用手拌入果料，拌匀即可，搅拌完成的面团温度为 22~24℃。

2. 置于室温下【基础发酵】约 60 分钟，然后翻面发酵约 60 分钟，再翻面发酵约 30 分钟。

3. 将发酵好的面团分割为一颗约 300 克，再进行【最后发酵】约 40 分钟。

4. 放入烤箱中，温度设定为 220℃，蒸气设定为 5 秒，烤约 25 分钟即完成。

 **Chef's Remind**
烘焙小秘诀

蘸食酱料（台南创意小吃）：姜 15 克、糖 30 克、酱油 60 克及橄榄油 10 克调和后即完成。

 **Chef's Note**
这样搭配面包最好吃！

西西里风巧巴达搭配蘸食酱料（详见左述）食用风味更佳。

# 蜂蜜巧巴达（20% 蜂蜜）

| 液种面团 | Ingredients |
|---|---|
| **材料** | **分量 / 克** |
| T55 法国面粉 | 150 |
| 水 | 150 |
| 低糖酵母粉 | 0.05 |
| 合计 | 300.05 |

| 主面团 | Ingredients |
|---|---|
| **材料** | **分量 / 克** |
| 液种面团 | 300.05 |
| 高筋面粉 | 250 |
| 全麦粉 | 100 |
| 盐 | 10 |
| 蜂蜜 | 100 |
| 高糖酵母粉 | 2.5 |
| 水 | 190 |
| 碎冰 | 100 |
| 老面 | 50 |
| 橄榄油 | 35 |
| 合计 | 1137.55 |

| 液种面团做法 | Method |
|---|---|

将所有材料充分混合后搅拌均匀即可，在室温下【发酵】16~18 小时（夏天可放在空调环境下）。

| 主面团做法 | Method |
|---|---|

1. 将【主面团】材料中碎冰以上的材料先采用低速搅拌至光滑后加入碎冰，接着拌入橄榄油和老面以中速搅拌至【完成】阶段，搅拌完成的面团温度为 22~24℃。
2. 置于室温下【基础发酵】约 60 分钟，然后翻面发酵 60 分钟，再翻面发酵约 30 分钟。
3. 将发酵好的面团分割为一颗约 300 克，再进行【最后发酵】约 40 分钟后。
4. 放入烤箱中，温度设定为 220℃，蒸气设定为 5 秒，烤约 25 分钟即完成。

**Chef's Note**
这样搭配面包最好吃！

蜂蜜巧巴达搭配黄油、果汁一同食用风味更佳。

# 紫米酿三宝

 5个

## 材料 Ingredients

| 材料 | 分量 / 克 |
|------|-----------|
| T55 法国面粉 | 250 |
| 高筋面粉 | 150 |
| 全麦粉 | 100 |
| 盐 | 10 |
| 蜂蜜 | 50 |
| 新鲜酵母 | 10 |
| 水 | 340 |
| 老面 | 150 |
| 黄油 | 25 |
| 熟紫米 | 50 |
| 桂圆肉【果料】 | 75 |
| 蜜红豆【果料】 | 50 |
| 熟薏仁【果料】 | 50 |
| 合计 Total | 1310 |

## 做法 Method

1. 将黄油以上的所有材料先采用低速搅拌成团，再加入黄油以中速搅拌至【扩展】完成阶段。

2. 加入熟紫米后先用机器搅拌均匀，再用手拌入果料，拌匀即可，搅拌完成的面团温度为 25~26℃。

3. 置于室温下【基础发酵】约 60 分钟，再翻面发酵约 30 分钟。

4. 将发酵好的面团分割为一颗约 250 克，再进行【中间发酵】约 25 分钟。

5. 将进行【中间发酵】后的面团，【整形】。

6. 【整形】好后，放置烤盘中做【最后发酵】50~60 分钟。

7. 放入烤箱中，设定上火 210℃ / 下火 190℃，蒸气设定为 5 秒 , 烤 20~25 分钟即完成。

*Chef's Note*
这样搭配面包最好吃！

紫米酿三宝搭配白酒一起食用风味更佳。

# Chapter 5
# 裸麦系列

## 裸麦系列

　　裸麦面包为德国经典款面包，添加 10%~100% 的裸麦面包都有，裸麦含高膳食纤维，没有任何筋性，营养价值高，略带酸味。刚开始在台湾销售时，许多人不习惯这款"酸面包"，一度以为是"臭酸面包"（坏掉的面包），殊不知这是经过发酵的乳酸菌与裸麦结合的天然风味，也是欧洲人的心头好，在此道配方中添加了蜂蜜，使其风味更佳，味道浓厚。当然口感也是一大考验，一般人对裸麦面包的接受度为 10%~30%，40% 以上比较偏硬。但因吃法不同，也有许多不同的体验。

## 裸麦系列配方

### 【主面团】基础材料 Ingredients

| 材料 | 分量 / 克 |
|---|---|
| T55 法国面粉 | 400 |
| 裸麦粉 | 100 |
| 盐 | 10 |
| 蜂蜜 | 25 |
| 低糖酵母粉 | 3.5 |
| 水 | 340 |
| 老面 | 150 |
| 黄油 | 20 |
| 合计 Total | 1048.5 |

## 【主面团】做法　　Method

1. 将除黄油外的其他材料先采用低速搅拌至光滑后，再拌入黄油以中速搅拌至【扩展】完成阶段，搅拌完成的面团温度为 25~26℃。

2. 置于室温下【基础发酵】约 60 分钟，再翻面发酵约 30 分钟。

3. 将发酵好的面团分割为一颗约 250 克，再进行【中间发酵】约 25 分钟。

4. 将进行【中间发酵】后的面团，【整形】。

5. 【整形】好后，置于烤盘中做【最后发酵】50~60 分钟。

6. 放入烤箱中，设定上火 210℃ / 下火 190℃，蒸气设定为 5 秒，烤 20~25 分钟即完成。

# 裸麦硬面包

1 个

| 液种面团（巧巴达）Ingredients | |
| --- | --- |
| 材料 | 分量 / 克 |
| T55 法国面粉 | 150 |
| 裸麦粉 | 100 |
| 葡萄球菌液 | 250 |
| 合计 | 500 |

| 主面团 Ingredients | |
| --- | --- |
| 材料 | 分量 / 克 |
| 液种面团 | 500 |
| T55 法国面粉 | 100 |
| 裸麦粉 | 150 |
| 盐 | 10 |
| 低糖酵母粉 | 2.5 |
| 水 | 50 |
| 合计 | 812.5 |

## 液种面团做法 Method

将所有材料充分混合后搅拌均匀即可，在室温下【发酵】16~18 小时（夏天可放在空调环境下）。

## 主面团做法 Method

1. 将【主面团】所有材料，先采用低速搅拌至光滑，搅拌完成的面团温度为 22~24℃。
2. 置于室温下【基础发酵】约 60 分钟，再翻面发酵约 60 分钟。
3. 将面团再进行【中间发酵】约 25 分钟后，【整形】。
4. 【整形】好后，放入烤盘中做【最后发酵】40~50 分钟。
5. 放入烤箱中，设定上火 200℃ / 下火 190℃，蒸气设定为 5 秒，烤约 40 分钟即完成。

*Chef's Note*
这样搭配面包最好吃！

50% 裸麦种硬面包适合搭配甜奶油及甜白酒一起食用风味更佳。

# 菠萝坚果  1个

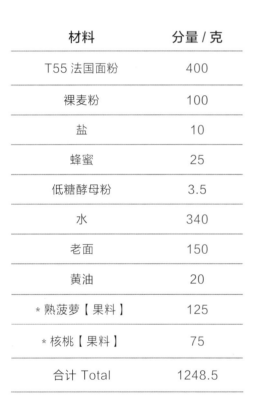

| 主面团 | Ingredients |
|---|---|

| 材料 | 分量 / 克 |
|---|---|
| T55 法国面粉 | 400 |
| 裸麦粉 | 100 |
| 盐 | 10 |
| 蜂蜜 | 25 |
| 低糖酵母粉 | 3.5 |
| 水 | 340 |
| 老面 | 150 |
| 黄油 | 20 |
| * 熟菠萝【果料】 | 125 |
| * 核桃【果料】 | 75 |
| 合计 Total | 1248.5 |

| 主面团做法 | Method |
|---|---|

* 1. 除黄油及果料外，将其他材料先采用低速搅拌至光滑后，再拌入黄油以中速搅拌至【扩展】完成阶段，再用手拌入果料，拌匀即可，搅拌完成的面团温度为 25~26℃。

2. 置于室温下【基础发酵】约 60 分钟，再翻面发酵约 30 分钟。

3. 将发酵好的面团分割为一颗约 250 克，再进行【中间发酵】约 25 分钟。

4. 将进行【中间发酵】后的面团，【整形】。

5. 【整形】好后，放入烤盘中做【最后发酵】50~60 分钟。

6. 放入烤箱中，设定上火 210℃ / 下火 190℃，蒸气设定为 5 秒，烤 20~25 分钟即完成。

说明：此系列标"*"的材料和做法为每款面包的个性化配方及步骤，其余部分为基础配方和基本步骤。

 Chef's Note
这样搭配面包最好吃！

菠萝坚果裸麦面包搭配红茶、咖啡一起食用风味更佳。

# 裸麦亚麻籽  5个

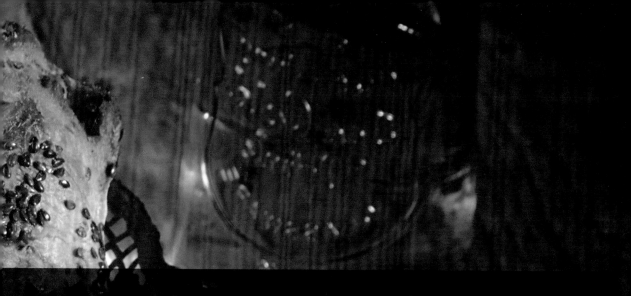

## 主面团材料　Ingredients

| 材料 | 份量 / 克 |
|---|---|
| T55 法国面粉 | 400 |
| 裸麦粉 | 100 |
| 盐 | 10 |
| 蜂蜜 | 25 |
| 低糖酵母粉 | 3.5 |
| 水 | 340 |
| 老面 | 150 |
| 黄油 | 20 |
| * 亚麻籽 | 75 |
| * 蔓越莓干【果料】 | 50 |
| 合计 Total | 1173.5 |

## 主面团做法　Method

*1. 除黄油、亚麻籽及果料外将其他材料先采用低速搅拌至光滑后，再拌入黄油以中速搅拌至【扩展】完成阶段，再用手拌入果料，拌匀即可，搅拌完成的面团温度 25~26℃。

2. 置于室温下【基础发酵】约 60 分钟，再翻面发酵约 30 分钟。

3. 将发酵好的面团分割为一颗约 250 克，再进行【中间发酵】约 25 分钟。

4. 将进行【中间发酵】后的面团，【整形】。

*5. 【整形】好后，放入烤盘中做【最后发酵】50~60 分钟，表面沾亚麻籽划刀再烤。

6. 放入烤箱中，设定上火 210℃ / 下火 190℃，蒸气设定为 5 秒，烤 20~25 分钟即完成。

**Chef's Note**
这样搭配面包最好吃！

裸麦亚麻籽面包适合搭配黄油或芝士，饮品则建议搭配白酒风味更佳。

# 裸麦姜味肉桂卷  5个

## 主面团 / Ingredients

| 材料 | 分量 / 克 |
|------|-----------|
| T55 法国面粉 | 400 |
| 裸麦粉 | 100 |
| 盐 | 10 |
| 蜂蜜 | 25 |
| 低糖酵母粉 | 3.5 |
| 水 | 340 |
| 老面 | 150 |
| 黄油 | 20 |
| * 姜末 | 50 |
| * 新鲜圣女果切片【果料】 | 250 |
| 合计 Total | 1348.5 |

## 材料 2 / Ingredients

| 肉桂糖粉材料 | 分量 / 克 |
|------|-----------|
| * 肉桂粉 | 适量 |
| * 黑糖 | 适量 |
| * 细砂糖 | 适量 |

★ 肉桂粉、黑糖、细砂糖的比例约为 2:1:1，将所有材料混合即成为肉桂糖粉。

## 主面团做法 / Method

* 1. 除黄油及姜末、果料外，将其他材料先采用低速搅拌至光滑后，再拌入黄油以中速搅拌至【扩展】完成阶段，再加入姜末用手拌匀，搅拌完成的面团温度 25~26℃。

2. 置于室温下【基础发酵】约 60 分钟，再翻面发酵约 30 分钟。

3. 将发酵好的面团展开，分割为一颗约 25□克，再进行【中间发酵】约 25 分钟。

4. 将进行【中间发酵】后的面团，【整形】。

* 5. 【整形】擀开撒上肉桂糖粉及新鲜圣女果切片卷起，分割内模，置于烤盘中做【最后发酵】50~60 分钟。

6. 放入烤箱中，设定上火 210℃ / 下火 190℃，蒸气设定为 5 秒，烤 20~25 分钟即完成。

 **Chef's Note**
这样搭配面包最好吃！

裸麦姜味肉桂卷搭配高山茶类一起食用风味更佳。

# 姜味裸麦番茄  5个

| 主面团 | Ingredients |

| 材料 | 分量 / 克 |
| --- | --- |
| T55 法国面粉 | 400 |
| 裸麦粉 | 100 |
| 盐 | 10 |
| 蜂蜜 | 25 |
| 低糖酵母粉 | 3.5 |
| 水 | 340 |
| 老面 | 150 |
| 黄油 | 20 |
| * 嫩姜丝【果料】 | 50 |
| * 新鲜圣女果切片【果料】 | 125 |
| 合计 Total | 1223.5 |

| 主面团做法 | Method |

* 1. 除黄油及果料外，将其他材料先采用低速搅拌至光滑后，然后再拌入黄油以中速搅拌至【扩展】完成阶段，再用手拌入果料，拌匀即可，搅拌完成的面团温度 25~26℃。
2. 置于室温下【基础发酵】约 60 分钟，再翻面发酵约 30 分钟。
3. 将发酵好的面团分割为一颗约 250 克，再进行【中间发酵】约 25 分钟。
4. 将进行【中间发酵】后的面团，【整形】。
5. 【整形】好后，置于烤盘中做【最后发酵】50~60 分钟。
6. 放入烤箱中，设定上火 210℃ / 下火 190℃，蒸气设定为 5 秒，烤 20~25 分钟即完成。

*Chef's Note*
这样搭配面包最好吃！

姜味裸麦番茄适合搭配红酒一起食用。

# 05

裸麦系列

# 裸麦种子吐司 2条

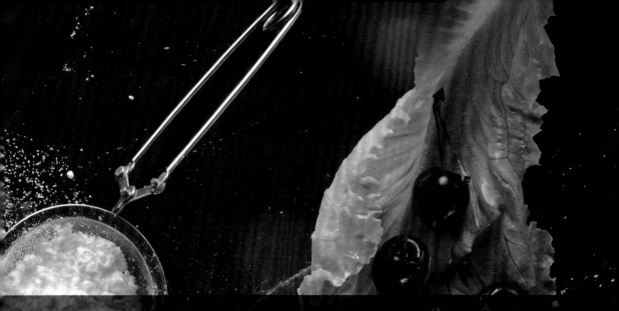

| 主面团 | Ingredients |
| --- | --- |
| 材料 | 份量 / 克 |
| T55 法国面粉 | 400 |
| 裸麦粉 | 100 |
| 盐 | 10 |
| 蜂蜜 | 25 |
| 低糖酵母粉 | 3.5 |
| 水 | 340 |
| 老面 | 150 |
| 黄油 | 20 |
| * 南瓜籽【果料】 | 50 |
| * 葵瓜子【果料】 | 50 |
| * 亚麻籽【果料】 | 25 |
| 合计 Total | 1173.5 |

## 主面团做法　Method

* 1. 除果料及黄油外，将其他材料先采用低速搅拌至光滑后，再拌入黄油以中速搅拌至【扩展】完成阶段，再用手拌入果料，拌匀即可，搅拌完成的面团温度为 25~26℃。

2. 置于室温下【基础发酵】约 60 分钟，再翻面发酵约 30 分钟。

3. 将发酵好的面团分割为一颗约 500 克，再进行【中间发酵】约 25 分钟。

4. 将进行【中间发酵】后的面团，【整形】入吐司模，模满 9 分。

5. 【整形】好后，置于吐司模中做【最后发酵】50~60 分钟。

6. 放入烤箱中，设定上火 210℃ / 下火 190℃，蒸气设定为 5 秒，烤 20~25 分钟即完成。

### Chef's Note
**这样搭配面包最好吃！**

裸麦种子吐司适合搭配黄油、芝士或莓类果酱，饮品则建议搭配咖啡一起食用风味更佳。

# 油渍番茄佛卡夏

| 主面团 | Ingredients |
| --- | --- |

| 材料 | 分量 / 克 |
| --- | --- |
| T55 法国面粉 | 400 |
| 裸麦粉 | 100 |
| 盐 | 10 |
| 蜂蜜 | 25 |
| 低糖酵母粉 | 3.5 |
| 水 | 340 |
| 老面 | 150 |
| 黄油 | 20 |
| * 黑橄榄 | 50 |
| * 油渍番茄 | 50 |
| * 南瓜子【果料】 | 25 |
| * 亚麻籽【果料】 | 25 |
| * 葵瓜子【果料】 | 25 |
| * 蓝纹芝士丁【果料】 | 25 |
| 合计 Total | 1248.5 |

| 主面团做法 | Method |
| --- | --- |

* 1. 除黄油及果料外，将其他材料先采用低速搅拌至光滑后，然后拌入黄油以中速搅拌至【扩展】完成阶段，用手拌入果料，拌匀即可，再搅拌完成的面团温度为 25~26℃。
2. 置于室温下【基础发酵】约 60 分钟，再翻面发酵约 30 分钟。
3. 将发酵好的面团分割为一颗约 250 克，再进行【中间发酵】约 25 分钟。
4. 将进行【中间发酵】后的面团，【整形】。
5. 【整形】好后，置于烤盘中做【最后发酵】50~60 分钟。
6. 放入烤箱中，设定上火 210℃ / 下火 190℃，蒸气设定为 5 秒，烤 20~25 分钟即完成。

**Chef's Note**
这样搭配面包最好吃！

油渍番茄佛卡夏搭配苹果汁或白酒一起食用风味更佳。

# Chapter 6
# 贝果系列

## 贝果系列

　　贝果（Bagel）是犹太面包，口感Q弹扎实，因为做法不同，须先烫过表面，并且在高温下瞬间发酵再烤，发酵过程时间不长。因为少了发酵过程的乳酸菌产生，面粉的麦香就更加重要了，所以在选用食材上更需要精选面粉与油质，制作时添加些许的蜂蜜，再添加全麦或裸麦粉这样蜂蜜的天然甜味更浓郁，营养价值更高。

## 贝果系列配方

### 【主面团】基础材料 / Ingredients

| 材料 | 分量 / 克 |
| --- | --- |
| 高筋面粉 | 300 |
| 裸麦粉 | 200 |
| 盐 | 10 |
| 蜂蜜 | 25 |
| 低糖酵母粉 | 3.5 |
| 水 | 340 |
| 老面 | 50 |
| 橄榄油 | 40 |
| 合计 | 968.5 |

★ 蛋 1 个（准备蛋液使用）

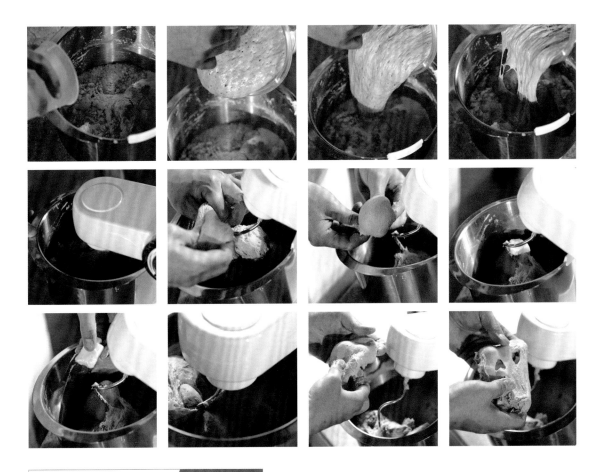

1. 将所有材料先采用低速搅拌至光滑后，再以中速搅拌至【扩展】完成阶段，搅拌完成的面团温度为 25~26℃。

2. 置于室温下【基础发酵】约 60 分钟。

3. 将发酵好的面团分割为一颗约 150 克，再进行【冷藏发酵】约 30 分钟。

4. 将进行【冷藏发酵】后的面团，【整形】。

5. 【整形】好后，置于烤盘中做【最后发酵】约 30 分钟。

6. 准备一锅水，煮沸后将发酵好的面团放入，煮约 15 秒后，翻面再煮约 15 秒后取出，将表面刷蛋液。

7. 放入烤箱中，设置上火 220℃ / 下火 200℃，烤约 20 分钟即完成。

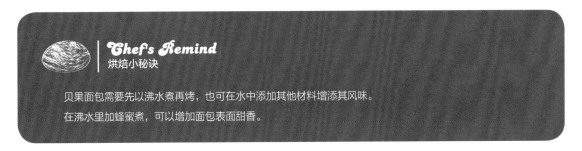

**Chef's Remind**
烘焙小秘诀

贝果面包需要先以沸水煮再烤，也可在水中添加其他材料增添其风味。
在沸水里加蜂蜜煮，可以增加面包表面甜香。

# 蜂蜜贝果 6个

## 材料 | Ingredients

| 材料 | 分量 / 克 |
| --- | --- |
| 高筋面粉 | 300 |
| 裸麦粉 | 200 |
| 盐 | 10 |
| 蜂蜜 | 25 |
| 低糖酵母粉 | 3.5 |
| 水 | 340 |
| 老面 | 50 |
| 橄榄油 | 40 |
| 合计 Total | 968.5 |

★ 蛋 1 个（准备蛋液使用）

## 做法 | Method

1. 将所有材料先采用低速搅拌至光滑后，再以中速搅拌至【扩展】完成阶段，搅拌完成的面团温度为 25~26℃。

2. 置于室温下【基础发酵】约 60 分钟。

3. 将发酵好的面团分割为一颗约 150 克，再进行【冷藏发酵】约 30 分钟。

4. 将进行【冷藏发酵】后的面团，【整形】。

5. 【整形】好后，置于烤盘中做【最后发酵】约 30 分钟。

6. 准备一锅水，煮沸后将发酵好的面团放入，煮约 15 秒后，翻面再煮约 15 秒后取出，将表面刷蛋液。

7. 放入烤箱中，设置上火 220℃ / 下火 200℃，烤约 20 分钟即完成。

*Chef's Note*
这样搭配面包最好吃！

蜂蜜贝果适合搭配果酱食用风味更佳。

# 全麦贝果 7个

## 材料 Ingredients

| 材料 | 分量 / 克 |
| --- | --- |
| 高筋面粉 | 300 |
| 裸麦粉 | 200 |
| 盐 | 10 |
| 蜂蜜 | 25 |
| 低糖酵母粉 | 3.5 |
| 水 | 340 |
| 老面 | 50 |
| 橄榄油 | 40 |
| * 全麦粉 | 50 |
| * 水 | 25 |
| 合计 Total | 1043.5 |

★ 蛋 1 个（准备蛋液使用）

## 做法 Method

1. 将所有材料先采用低速搅拌至光滑后，再以中速搅拌至【扩展】完成阶段，搅拌完成的面团温度为 25~26℃。

2. 置于室温下【基础发酵】约 60 分钟。

3. 将发酵好的面团分割为一颗约 150 克，再进行【冷藏发酵】约 30 分钟。

4. 将进行【冷藏发酵】后的面团，【整形】。

5. 【整形】好后，置于烤盘中做【最后发酵】约 30 分钟。

6. 准备一锅水煮沸后，将发酵好的面团放入，煮约 15 秒后，翻面再煮 15 秒后取出，将表面刷蛋液。

7. 放入烤箱中，设置上火220℃ / 下火200℃烤约 20 分钟即完成。

说明：此系列标"*"的材料和做法为每款面包的个性化配方及步骤，其余部分为基础配方和基本步骤。

 **Chef's Remind**
烘焙小秘诀

需将全麦粉与水混合静置。

 **Chef's Note**
这样搭配面包最好吃！

全麦贝果适合做成偏酸的果酱三明治。

# 裸麦贝果 6个

| 材料 Ingredients | | 主面团做法 Method |
| --- | --- | --- |

| 材料 | 分量 / 克 |
| --- | --- |
| 高筋面粉 | 300 |
| 盐 | 10 |
| 蜂蜜 | 25 |
| 低糖酵母粉 | 3.5 |
| 水 | 340 |
| 老面 | 50 |
| 橄榄油 | 40 |
| * 裸麦粉 | 50 |
| * 水 | 25 |
| 合计 Total | 1043.5 |

★ 蛋 1 个（准备蛋液使用）

* 1. 除橄榄油及裸麦粉外将其他材料先采用速搅拌至光滑后，再以中速搅拌至【扩展完成阶段，先拌入橄榄油搅拌均匀后，再机器拌匀裸麦粉，搅拌完成的面团温度 25~26℃。

2. 置于室温下【基础发酵】约 60 分钟。

3. 将发酵好的面团分割为一颗约 150 克，进行【冷藏发酵】约 30 分钟。

4. 将进行【冷藏发酵】后的面团，【整形】

5. 【整形】好后，置于烤盘中做【最后发酵约 30 分钟。

6. 准备一锅水煮沸后，将发酵好的面团放入煮约 15 秒后，翻面再煮约 15 秒后取出将表面刷蛋液。

7. 放入烤箱中，设置火 220℃ / 下火 200℃ 烤约 20 分钟即完成。

 **Chef's Remind**
烘焙小秘诀

需将裸麦粉与水混合静置。

 **Chef's Note**
这样搭配面包最好吃！

裸麦贝果适合搭配黄油或新鲜酪梨一起食用风味更佳。

# 伯爵贝果 6个

## 材料 | Ingredients

| 材料 | 分量 / 克 |
| --- | --- |
| 高筋面粉 | 300 |
| 裸麦粉 | 200 |
| 盐 | 10 |
| 蜂蜜 | 25 |
| 低糖酵母粉 | 3.5 |
| 水 | 340 |
| 老面 | 50 |
| 橄榄油 | 40 |
| * 伯爵茶粉 | 5 |
| 合计 Total | 973.5 |

★ 蛋 1 个（准备蛋液使用）

## 主面团做法 | Method

* 1. 除橄榄油及伯爵茶粉外，将其他材料先采用低速搅拌至光滑后，以中速搅拌至【扩展】完成阶段，先拌入橄榄油搅拌均匀后，再拌入伯爵茶粉，搅拌完成的面团温度为25~26℃。

2. 置于室温下【基础发酵】约 60 分钟。

3. 将发酵好的面团分割为一颗约 150 克，再进行【冷藏发酵】约 30 分钟。

4. .将进行【冷藏发酵】后的面团，【整形】。

5. 【整形】好后，置于烤盘中做【最后发酵】约 30 分钟。

6. 准备一锅水煮沸后，将发酵好的面团放入，煮约 15 秒后，翻面再煮约 15 秒后取出，将两面刷蛋液。

7. 放入烤箱中，设置火 220℃ / 下火 200℃，烤约 20 分钟即完成。

*Chef's Note*
这样搭配面包最好吃！

伯爵贝果适合制作成火腿芝麻叶橄榄油三明治风味更佳。

133

# Chapter 7

## 蜂蜜吐司系列

## 蜂蜜吐司系列 ·····················

　　一般吐司都使用鸡蛋、牛奶、砂糖来当作软性材料，我们却不能为了做出柔软的吐司而忽略其热量。此道食谱只添加了蜂蜜及些许的黄油调节口感，以突显出麦香与蜂蜜结合后的味道。也可再做出口味的变化，例如做出水果系列的少油少糖的健康吐司。

## 蜂蜜吐司系列配方 ·····················

### 【主面团】基础材料 / Ingredients

| 材料 | 分量 / 克 |
| --- | --- |
| 高筋面粉 | 200 |
| T 55 法国面粉 | 300 |
| 盐 | 10 |
| 蜂蜜 | 75 |
| 新鲜酵母 | 12.5 |
| 水 | 325 |
| 老面 | 50 |
| 黄油 | 25 |
| 合计 | 997.5 |

★ 蛋 1 个（准备蛋液使用）

## 主面团基本做法　Method

1. 除黄油外，将其他材料先采用低速搅拌至光滑后，再拌入黄油以中速搅拌至【扩展】完成阶段，搅拌完成的面团温度 26~28℃。

2. 置于室温下【基础发酵】约 60 分钟。

3. 将发酵好的面团分割为一颗约 500 克，第一折后【中间发酵】约 30 分钟。

4. 将进行【中间发酵】后的面团，【整形】放入吐司模中 9 分满。

5. 在吐司模中做【最后发酵】50~60 分钟。

6. 放入烤箱中，设定上火 140℃／下火 230℃，蒸气设定为 3 秒，烤 30~35 分钟即完成。

# 蜂蜜菠萝吐司 2条

| 材料 Ingredients | | 做法 Method |

| 材料 | 分量 / 克 |
|------|-----------|
| 高筋面粉 | 200 |
| T 55 法国面粉 | 300 |
| 盐 | 10 |
| 蜂蜜 | 75 |
| 新鲜酵母 | 12.5 |
| 水 | 325 |
| 老面 | 50 |
| 黄油 | 25 |
| * 煮过的菠萝【果料】 | 150 |
| 合计 | 1147.5 |

1. 除黄油及果料外，将其他材料先采用低速搅拌至光滑后，再拌入黄油以中速搅拌至【扩展】完成阶段。

* 2. 再用手拌入果料，拌匀即可，搅拌完成的面团温度为 26~28℃。

3. 置于室温下【基础发酵】约 60 分钟。

4. 将发酵好的面团分割为一颗约 500 克，第一折后【中间发酵】约 30 分钟。

5. 将进行【中间发酵】后的面团，【整形】放入吐司模中 9 分满。

6. 在吐司模中做【最后发酵】50~60 分钟。

7. 放入烤箱中，设定上火 140℃ / 下火 230℃，蒸气设定为 3 秒，烤 30~35 分钟即完成。

Chef's Note
这样搭配面包最好吃！

蜂蜜菠萝吐司搭配红酒一起食用风味更佳。

# 蜂蜜黑糖吐司 2条

| 材料 | Ingredients |
|---|---|

| 材料 | 分量 / 克 |
|---|---|
| 高筋面粉 | 200 |
| T 55 法国面粉 | 300 |
| 盐 | 10 |
| 蜂蜜 | 75 |
| 新鲜酵母 | 12.5 |
| 水 | 325 |
| 老面 | 50 |
| 黄油 | 25 |
| * 黑糖粉 | 适量 |
| 合计 | 997.5 |

| 做法 | Method |
|---|---|

1. 将除黄油外的其他材料先采用低速搅拌至光滑后，再拌入黄油以中速搅拌至【扩展】完成阶段。搅拌完成的面团温度为 26~28℃。

2. 置于室温下【基础发酵】约 60 分钟。

\* 3. 将发酵好的面团分割为一颗约 500 克，第一折及第二折后撒上黑糖粉，做【中间发酵】约 30 分钟。

4. 将进行【中间发酵】后的面团，【整形】放入吐司模中 9 分满。

5. 在吐司模中做【最后发酵】50~60 分钟。

6. 放入烤箱中，温度设定为上火 140℃ / 下火 230℃，蒸气设定为 3 秒，烤 30~35 分钟即完成。

*Chef's Note*
这样搭配面包最好吃！

蜂蜜黑糖吐司搭配红茶一起食用风味更佳。

仲夏野莓 2个

| 材料 1 | 份量 / 克 |
| --- | --- |
| 高筋面粉 | 200 |
| T 55 法国面粉 | 300 |
| 盐 | 10 |
| 蜂蜜 | 75 |
| 新鲜酵母 | 12.5 |
| 水 | 325 |
| 老面 | 50 |
| 黄油 | 25 |
| *野莓酱 | 100 |
| 合计 | 1097.5 |

**材料 2** Ingredients

| 野莓酱材料 | 份量 / 克 |
| --- | --- |
| 新鲜草莓 | 50 |
| 蓝莓 | 25 |
| 蔓越莓干 | 25 |
| 糖 | 25 |
| 合计 | 125 |

★ 将所有材料煮至黏稠状即完成。

**做法** Method

1. 除黄油及野莓酱外，将其他材料先采用低速搅拌至光滑后，再拌入黄油以中速搅拌至【扩展】完成阶段。

\* 2. 以机器拌匀野莓酱，拌匀即可，搅拌完成的面团温度为 26~28℃。

3. 置于室温下【基础发酵】约 60 分钟。

4. 将发酵好的面团分割为一颗约 500 克，第一折后【中间发酵】约 30 分钟。

5. 将进行【中间发酵】后的面团，【整形】放入吐司模中 9 分满。

6. 在吐司模中做【最后发酵】50~60 分钟。

7. 放入烤箱中，设定上下火为 190℃，蒸气设定为约 3 秒，烤约 30 分钟即完成。

*Chef's Note*
这样搭配面包最好吃！

仲夏野莓搭配红茶一起食用风味更佳。

# 菠菜芝士吐司 2条

## 材料 Ingredients

| 材料 | 分量 / 克 |
| --- | --- |
| 高筋面粉 | 200 |
| T 55 法国面粉 | 300 |
| 盐 | 10 |
| 蜂蜜 | 75 |
| 新鲜酵母 | 12.5 |
| 水 | 325 |
| 老面 | 50 |
| 黄油 | 25 |
| *熟菠菜 | 75 |
| *高熔点芝士 | 75 |
| 合计 | 1147.5 |

## 做法 Method

* 1. 除黄油、熟菠菜及芝士外，将其他材料先采用低速搅拌至光滑后，再拌入黄油以中速搅拌至【扩展】完成阶段。

* 2. 以机器拌匀熟菠菜，再用手拌入高熔点芝士，拌匀即可，搅拌完成的面团温度为26~28℃。

3. 置于室温下【基础发酵】约60分钟。

4. 将发酵好的面团分割为一颗约500克，第一折后【中间发酵】约30分钟。

5. 将进行【中间发酵】后的面团，【整形】放入吐司模中9分满。

6. 在吐司模中做【最后发酵】约50~60分钟。

7. 放入烤箱中，设定上火140℃ / 下火230℃，蒸气设定为3秒，烤约30~35分钟即完成。

**Chef's Note**
这样搭配面包最好吃！

菠菜芝士吐司适合搭配红酒一起食用风味更佳。

Chapter **8**

# 布里欧系列

## ··· 布里欧系列 ·····

布里欧系列为欧洲经典甜面包系列。黄油、糖、蛋、牛奶等在欧洲早期皆为贵族身份才能食用，因此制作面包时，不会因为少油、少糖而口感扎实Q弹。布里欧系列面包里基本上不加水，全部以鸡蛋、牛奶、鲜黄油、蛋黄作为水分，而黄油又做了30%、40%、50%上的区分，可誉为面包界中的蛋糕了。

## ··· 布里欧系列配方 ·····

### 【主面团】基础材料 / Ingredients

| 材料 | 分量 / 克 |
| --- | --- |
| 高筋面粉 | 500 |
| 盐 | 7.5 |
| 蜂蜜 | 75 |
| 新鲜酵母 | 10 |
| 牛奶 | 50 |
| 全蛋 | 150 |
| 蛋黄 | 50 |
| 老面 | 50 |
| 黄油 | 150 |
| 合计 Total | 1042.5 |

主面团基本做法　　Method

1. 将干性材料、湿性材料以及黄油（油脂类食材）分开称好后冷藏一晚。

2. 除黄油外，将其他材料先采用低速搅拌至光滑后，然后将冷藏的黄油取出切丁，分次拌入，
   再以中速搅拌至【完成】阶段，搅拌完成的面团温度为 22~24℃。

3. 置于室温下【基础发酵】约 60 分钟，再翻面发酵约 30 分钟。

4. 将发酵好的面团分割为一颗约 100 克，进行【中间发酵】约 25 分钟。

5. 将进行【中间发酵】后的面团，【整形】。

6. 【整形】好后，置于烤盘中做【最后发酵】50~55 分钟。

7. 放入烤箱中，设定上火 200℃ / 下火 190℃，烤 18~22 分钟即完成。

# 伯爵芒果  11个

## 材料 / Ingredients

| 材料 | 分量 / 克 |
|------|-----------|
| 高筋面粉 | 500 |
| 盐 | 7.5 |
| 蜂蜜 | 75 |
| 新鲜酵母 | 10 |
| 牛奶 | 50 |
| 全蛋 | 150 |
| 蛋黄 | 50 |
| 老面 | 50 |
| 黄油 | 150 |
| *伯爵茶粉 | 5 |
| *芒果干 | 100 |
| 合计 Total | 1147.5 |

## 做法 / Method

1. 将干性材料与湿性材料以及黄油（油脂类食材），分开称好后冷藏一晚。

* 2. 除黄油和标*材料外，将其他材料先采用低速搅拌至光滑后，然后将冷藏的黄油取出切丁，分次拌入，再以中速搅拌至【完成】阶段。以机器拌匀伯爵茶粉，再用手拌入芒果干，拌匀即可，搅拌完成的面团温度为22~24℃。

3. 置于室温下【基础发酵】约60分钟，再翻面发酵约30分钟。

4. 将发酵好的面团分割为一颗约100克，进行【中间发酵】约25分钟。

5. 将进行【中间发酵】后的面团，【整形】。

6. 【整形】好后，置于烤盘中做【最后发酵】50~55分钟。

7. 放入烤箱中，设定上火200℃/下火190℃，烤18~22分钟即完成。

*Chef's Note*
这样搭配面包最好吃！

伯爵芒果搭配白酒一同食用风味更佳。

说明：此系列标"*"的材料和做法为每款面包的个性化配方及步骤，其余部分为基础配方和基本步骤。

# 冰糖黄油布里欧

## 材料 | Ingredients

| 材料 | 分量 / 克 |
|------|-----------|
| 高筋面粉 | 500 |
| 盐 | 7.5 |
| 蜂蜜 | 75 |
| 新鲜酵母 | 10 |
| 牛奶 | 50 |
| 全蛋 | 150 |
| 蛋黄 | 50 |
| 老面 | 50 |
| 黄油 | 150 |
| 合计 Total | 1042.5 |

## 其他材料 | Ingredients

| 材料 | 分量 / 克 |
|------|-----------|
| 软化发酵黄油 | 适量 |
| 冰糖碎 | 适量 |

## 做法 | Method

1. 将干性材料、湿性材料以及黄油（油脂类食材）分开称好后冷藏一晚。

2. 除黄油外，将其他材料先采用低速搅拌至光滑后，然后将冷藏的黄油取出切丁，分次拌入，再以中速搅拌至【完成】阶段，搅拌完成的面团温度为 22~24℃。

3. 置于室温下【基础发酵】约 60 分钟，再翻面发酵约 30 分钟。

4. 将发酵好的面团分割为一颗约 100 克，【中间发酵】约 25 分钟。

5. 将进行【中间发酵】后的面团，【整形】。

* 6. 【整形】好后，烤前用手压四个洞放入软化发酵黄油块，再撒上冰糖碎做【最后发酵】50~55 分钟。

7. 放入烤箱中，设定上火 200℃ / 下火 190℃ , 烤 18~22 分钟即完成。

*Chef's Note*
这样搭配面包最好吃！

冰糖黄油布里欧适合搭配咖啡或果汁一同食用风味更佳。

# 潘娜朵妮（意大利圣诞面包）

3个

| 液种面团材料 | Ingredients |
| --- | --- |
| **材料** | **份量 / 克** |
| * 高筋面粉 | 150 |
| * 葡萄球菌 | 150 |
| 合计 | 300 |

| 主面团 | Ingredients |
| --- | --- |
| **材料** | **份量 / 克** |
| * 液种面团 | 300 |
| * 高筋面粉 | 350 |
| * 盐 | 7.5 |
| * 蜂蜜 | 75 |
| * 新鲜酵母 | 10 |
| * 牛奶 | 75 |
| * 全蛋 | 75 |
| * 蛋黄 | 25 |
| * 老面 | 50 |
| * 黄油 | 250 |
| * 综合水果【果料】 | 250 |
| 合计 | 1467.5 |

## 液种面团做法　Method

将所有材料充分混合后搅拌均匀即可，在室温 25℃环境下【发酵】16~18 小时（夏天可放在空调环境下）。

## 主面团做法　Method

1. 将干性材料、湿性材料及黄油分开称好后冷藏一晚。
2. 将【主面团】中黄油以上的所有材料先采用低速搅拌至光滑，接着分次拌入冷藏切丁的黄油，以中速搅拌至【完成】阶段，再用手拌入果料，拌匀即可，搅拌完成的面团温度 22~24℃。
3. 置于室温下【基础发酵】约 60 分钟，再翻面发酵约 30 分钟。
4. 将发酵好的面团分割为一颗约 400 克，再进行【中间发酵】约 25 分钟后，【整形】。
5. 【整形】好后，放入纸模中，模满 9 分做【最后发酵】50~55 分钟。
6. 放入烤箱中，设定上火 200℃ / 下火 190℃，烤 25~28 分钟即完成。

**Chef's Note**
这样搭配面包最好吃！

潘娜朵尼搭配白酒或威士忌一起食用风味更佳。

# 香橙布里欧 10个

## 材料 Ingredients

| 材料 | 分量 / 克 |
|---|---|
| 高筋面粉 | 500 |
| 盐 | 7.5 |
| 蜂蜜 | 75 |
| 新鲜酵母 | 10 |
| 牛奶 | 50 |
| 全蛋 | 150 |
| 蛋黄 | 50 |
| 老面 | 50 |
| 黄油 | 150 |
| * 新鲜柳丁皮末【果料】 | 适量 |
| * 芒果干【果料】 | 100 |
| 合计 Total | 1142.5 |

## 装饰材料 Decoration Ingredients

| 材料 | 分量 / 克 |
|---|---|
| * 糖渍柳丁片 （依照份数装饰，1 份 1 片） | |
| 糖霜 | 适量 |

## 做法 Method

1. 将干性材料、湿性材料以及黄油（油脂类食材）分开称好后冷藏一晚。

* 2. 除黄油和果料外，将其他材料先采用低速搅拌至光滑后，然后将冷藏的黄油取出切丁，分次拌入，再以中速搅拌至【完成】阶段，再用手拌入果料，拌匀即可，搅拌完成的面团温度为 22~24℃。

3. 置于室温下【基础发酵】约 60 分钟，再翻面发酵约 30 分钟。

4. 将发酵好的面团分割为一颗约 100 克，进行【中间发酵】约 25 分钟。

5. 将进行【中间发酵】后的面团，【整形】。

6. 【整形】好后，做【最后发酵】50~55 分钟。

7. 放入烤箱中，设定上火 200℃/下火190℃，烤 18~22 分钟。

* 8. 出炉后再放在糖渍柳丁片，然后撒上糖霜装饰即可。

*Chef's Note*
这样搭配面包最好吃！

香橙布里欧搭配白酒或果汁一同食用风味更佳。

# 巧克力布里欧  11个

## 材料 Ingredients

| 材料 | 分量 / 克 |
|------|----------|
| 高筋面粉 | 500 |
| 盐 | 7.5 |
| 蜂蜜 | 75 |
| 新鲜酵母 | 10 |
| 牛奶 | 50 |
| 全蛋 | 150 |
| 蛋黄 | 50 |
| 老面 | 50 |
| 黄油 | 150 |
| * 苦甜巧克力【果料】 | 100 |
| 合计 Total | 1142.5 |

## 可可酥菠萝材料 Ingredients

| 材料 | 分量 / 克 |
|------|----------|
| * 黄油 | 100 |
| * 细砂糖 | 100 |
| * 可可粉 | 20 |
| * 低筋面粉 | 100 |
| 合计 Total | 320 |

## 做法 Method

1. 将干性材料、湿性材料以及黄油（油脂类食材）分开称好后冷藏一晚。

*2. 除黄油和苦甜巧克力外，将其他材料先采用低速搅拌至光滑后，然后将冷藏的黄油取出切丁，分次拌入，再以中速搅拌至【完成】阶段，搅拌完成的面团温度为22~24℃。

3. 置于室温下【基础发酵】约60分钟，再翻面发酵约30分钟。

4. 将发酵好的面团分割为一颗约100克，进行【中间发酵】约25分钟。

5. 将进行【中间发酵】后的面团排气后包入苦甜巧克力馅，【整形】。

*6. 【整形】好后，于表面撒上可可酥菠萝粉后，置于烤盘中【最后发酵】50~55分钟。

7. 放入烤箱中，设定上火200℃/下火190℃，烤18~22分钟即完成。

 *Chef's Remind*
烘焙小秘诀

可可酥菠萝做法——将黄油、细砂糖拌匀，再加入过筛，可可母粉与低筋面粉拌匀，最后用粗筛网筛成粒状冷藏保存即可。

**Chef's Note**
这样搭配面包最好吃！

巧克力布里欧搭配咖啡一同食用风味更佳。

# 黄金面包 3个

## 材料　Ingredients

| 材料 | 份量 / 克 |
| --- | --- |
| 高筋面粉 | 500 |
| 盐 | 7.5 |
| 蜂蜜 | 75 |
| 新鲜酵母 | 10 |
| 牛奶 | 90 |
| *鲜奶油 | 50 |
| 全蛋 | 150 |
| 蛋黄 | 50 |
| 老面 | 50 |
| *黄油 | 250 |
| 合计 Total | 1232.5 |

## 做法　Method

1. 将干性材料与湿性材料以及黄油（油脂类食材），分开称好后冷藏一晚。

2. 除黄油外，将其他材料先采用低速搅拌至光滑后，然后将冷藏的黄油取出切丁，分次拌入，再以中速搅拌至【完成】阶段，搅拌完成的面团温度为 22~24℃。

3. 置于室温下【基础发酵】约 60 分钟，再翻面发酵约 30 分钟。

4. 将发酵好的面团分割为一颗约 400 克，进行【中间发酵】约 25 分钟。

5. 将进行【中间发酵】后的面团，【整形】至 6 英寸吐司模，模满 9 分。

6. 在吐司模中做【最后发酵】50~55 分钟。

7. 放入烤箱中，温度设为上火 200℃ / 下火 190℃，烤 25~28 分钟，即完成。

 **Chef's Note**
这样搭配面包最好吃！

黄金面包适合搭配红茶及果汁一同食用风味更佳。

# Chapter 9

## 法式面包

# 09 CHAPTER / 法式面包

## 法式面包系列

　　"法式面包"为面包中的最经典代表作之一，所以曾流传着会做法式面包才算是一个面包师傅的说法。法式面包使用原料非常简单，也就是组合出面包的四大元素，面粉、水、酵母、盐，看似为最简单的配方，要做出外表酥脆，内部柔软且孔洞大小分布均匀，裂痕均匀是需要技巧的。需要控制搅拌温度、发酵温度、整形手法、最后发酵以及蒸气石板等，才能做出地道的法式面包，但这些都是以比赛标准来要求的，其实享受烘焙的乐趣，可以在每一次的体验中找到手感才是我们的追求。

## 【法式面包系列】基础配方

| 液种面团材料 | Ingredients |
| --- | --- |
| **材料** | **分量 / 克** |
| T55 法国面粉 | 150 |
| 水 | 150 |
| 低糖红酵母 | 0.05 |
| 合计 | 300.05 |

| 主面团材料 | Ingredients |
| --- | --- |
| **材料** | **分量 / 克** |
| 液种面团 | 300.05 |
| T55 法国面粉 | 350 |
| 水 | 190 |
| 盐 | 10 |
| 低糖红酵母 | 1.7 |
| 合计 | 851.75 |

| 液种面团做法 | Method |
| --- | --- |

将所有材料充分混合后搅拌均匀即可，在室温下【发酵】16~18 小时（夏天可放在空调环境下）。

## 主面团基本做法 | Method

1. 将主面团所有材料先采用低速搅拌成团，再以中速搅拌至【扩展】阶段，搅拌完成的面团温度为 22~24℃。

2. 置于室温下【基础发酵】约 60 分钟，再翻面发酵约 60 分钟。

3. 将手沾水至手不黏面团状态后，用手将面团内的空气拍出。

4. 然后将拍好的面团折成 2 折后，进入基础发酵第二阶段约 60 分钟。将发酵好的面团分割为一颗约 280 克，再进行【中间发酵】约 25 分钟。

5. 将进行【中间发酵】后的面团，【整形】。

6. 【整形】好后，置于烤盘中做【最后发酵】40~50 分钟。

7. 放入烤箱中，设定上火 230℃ / 下火 220℃，蒸气设定为 3 秒，烤 20~25 分钟。

### Chef's Remind
### 烘焙小秘诀

液种面团只会发酵一次，所以只有一个发酵阶段。
使用蒸气能让法式面包呈现外酥内软的口感。

# 法式面包（液种） 3个

## 液种面团　Ingredients

| 材料 | 分量 / 克 |
| --- | --- |
| T55 法国面粉 | 150 |
| 水 | 150 |
| 低糖红酵母 | 0.05 |
| 合计 | 300.05 |

## 主面团材料　Ingredients

| 材料 | 分量 / 克 |
| --- | --- |
| 液种面团 | 300.05 |
| T55 法国面粉 | 350 |
| 盐 | 10 |
| 水 | 190 |
| 低糖红酵母 | 1.7 |
| 合计 | 851.75 |

## 液种面团做法　Method

将所有材料充分混合后搅拌均匀即可，在室温下【发酵】16~18 小时（夏天可放在空调环境下）。

## 主面团做法　Method

1. 将【主面团】所有材料先采用低速搅拌成团，再以中速搅拌至【扩展】阶段，搅拌完成的面团温度为 22~24℃。

2. 置于室温下【基础发酵】约 60 分钟，再翻面发酵约 60 分钟。

3. 将手沾水至手不黏面团状态后，用手将面团内的空气拍出。

4. 然后将拍好的面团折成 2 折后，进入基础发酵第二阶段 60 分钟后。将发酵好的面团分割为一颗约 280 克，再进行【中间发酵】约 25 分钟。

5. 将进行【中间发酵】后的面团，【整形】。

6. 【整形】好后，置于烤盘中做【最后发酵】40~50 分钟。

7. 放入烤箱中，设定上火 230℃ / 下火 220℃，蒸气设定为 3 秒，烤 20~25 分钟即完成。

**Chef's Note**
这样搭配面包最好吃！

法式面包适合搭配发酵黄油及红酒一起食用风味更佳。

# 巧克力法式（老面法）  3个

| 液种面团 | Ingredients |
|---|---|
| 材料 | 分量 / 克 |
| T55 法国面粉 | 150 |
| 水 | 150 |
| 低糖红酵母 | 0.05 |
| 合计 | 300.05 |

| 主面团 | Ingredients |
|---|---|
| 材料 | 分量 / 克 |
| 液种面团 | 300.05 |
| T55 法国面粉 | 350 |
| 盐 | 10 |
| 水 | 190 |
| 低糖红酵母 | 1.7 |
| 苦甜巧克力 | 100 |
| 合计 | 951.75 |

说明：此系列标 " * " 的材料和做法为每款面包的个性化配方及步骤，其余部分为基础配方和基本步骤。

## Chef's Note
### 这样搭配面包最好吃！

巧克力法式面包（老面法）适合搭配咖啡一起食用风味更佳。

## 液种面团做法 Method

将所有材料充分混合后搅拌均匀即可，在室温下【发酵】16~18 小时（夏天可放在空调环境下）。

## 主面团做法 Method

* 1. 将【主面团】中除苦甜巧克力外的其他材料先采用低速搅拌成团，再以中速搅拌至【扩展】阶段，再用手拌入苦甜巧克力，拌匀即可，搅拌完成的面团温度为 22~24℃。

2. 置于室温下【基础发酵】约 60 分钟，再翻面发酵约 60 分钟。

3. 将手沾水至手不黏面团状态后，用手将面团内的空气拍出。

4. 然后将拍好的面团折成 2 折后，进入基础发酵第二阶段约 60 分钟。将发酵好的面团分割为一颗约 280 克，再进行【中间发酵】约 25 分钟。

5. 将进行【中间发酵】后的面团，【整形】。

6. 【整形】好后，置于烤盘中做【最后发酵】40~50 分钟。

7. 放入烤箱中，设定上火 230℃ / 下火 220℃，蒸气设定为 3 秒，烤 20~25 分钟即完成。

169

# 脆皮吐司（5% 糖油）2条

## 液种面团材料　Ingredients

| 材料 | 份量 / 克 |
| --- | --- |
| T55 法国面粉 | 150 |
| 水 | 150 |
| 低糖红酵母 | 0.05 |
| 合计 | 300.05 |

## 主面团　Ingredients

| 材料 | 份量 / 克 |
| --- | --- |
| 液种面团 | 300.05 |
| T55 法国面粉 | 350 |
| 盐 | 10 |
| 水 | 190 |
| 低糖红酵母 | 1.7 |
| * 黄油 | 25 |
| 合计 | 876.75 |

## 液种面团做法　Method

将所有材料充分混合后搅拌均匀即可，在室温下【发酵】16~18 小时（夏天可放在空调环境下）。

## 主面团做法　Method

* 1. 将【主面团】除黄油外的材料先采用低速搅拌成团，再拌入黄油以中速搅拌至【扩展】阶段，搅拌完成的面团温度为 22~24℃。

2. 置于室温下【基础发酵】约 60 分钟，再翻面发酵约 60 分钟。

3. 将手沾水至手不黏面团状态后，用手将面团内的空气拍出。

4. 然后将拍好的面团折成 2 折后，进入基础发酵第二阶段 60 分钟。将发酵好的面团分割为一颗约 500 克，再进行【中间发酵】约 25 分钟。

5. 将进行【中间发酵】后的面团，【整形】。

6. 【整形】好后，置于吐司模中做【最后发酵】40~50 分钟。

7. 放入吐司模中，设定上火 230℃ / 下火 220℃，蒸气设定为 3 秒，烤 20~25 分钟即完成。

 **Chef's Remind**
烘焙小秘诀

蘸食酱料（台南创意小吃）——姜 15 克、糖 30 克、酱油 60 克及橄榄油 10 克调和后即可完成。

 **Chef's Note**
这样搭配面包最好吃！

脆皮吐司适合搭配蘸酱一起食用风味更佳。

# 蜂蜜脆皮芝麻吐司（5% 糖油）

**2 条**

## 液种面团 Ingredients

| 材料 | 分量 / 克 |
| --- | --- |
| T55 法国面粉 | 150 |
| 水 | 150 |
| 低糖红酵母 | 0.05 |
| 合计 | 300.05 |

## 主面团 Ingredients

| 材料 | 分量 / 克 |
| --- | --- |
| 液种面团 | 300.05 |
| T55 法国面粉 | 350 |
| 盐 | 10 |
| 水 | 190 |
| 低糖红酵母 | 1.7 |
| * 蜂蜜 | 25 |
| * 黄油 | 25 |
| * 黑芝麻 | 25 |
| 合计 | 926.75 |

## 液种面团做法 Method

将所有材料充分混合后搅拌均匀即可，在室温 25℃左右环境下【发酵】16~18 小时（夏天可放在空调环境下）。

## 主面团做法 Method

* 1. 【主面团】除黄油外的其他材料先采用低速搅拌成团，再拌入黄油以中速搅拌至【完成】阶段后，再用手拌入黑芝麻，拌匀即可，搅拌后面团温度为 22~24℃。

2. 置于室温下【基础发酵】约 60 分钟，再翻面发酵约 60 分钟。

3. 将手沾水至手不黏面团状态后，用手将面团内的空气拍出。

4. 然后将拍好的面团折成 2 折后，进入基础发酵第二阶段约 60 分钟。将发酵好的面团分割为一颗约 500 克，再进行【中间发酵】约 25 分钟。

5. 将进行【中间发酵】后的面团，【整形】。

6. 【整形】好后，置于吐司模中做【最后发酵】40~50 分钟。

7. 放入烤箱中，设定上火 230℃ / 下火 220℃，蒸气设定为 3 秒，烤 20~25 分钟烤，即完成。

### Chef's Note
**这样搭配面包最好吃！**

蜂蜜脆皮芝麻吐司搭配黄油及红茶一起食用风味更佳。

# 蜂蜜软法（5% 蜂蜜、油）

3个

## 液种面团 Ingredients

| 材料 | 分量 / 克 |
| --- | --- |
| T55 法国面粉 | 150 |
| 水 | 150 |
| 低糖红酵母 | 0.05 |
| 合计 | 300.05 |

## 主面团 Ingredients

| 材料 | 分量 / 克 |
| --- | --- |
| 液种面团 | 300.05 |
| T55 法国面粉 | 350 |
| 盐 | 10 |
| 水 | 190 |
| 低糖红酵母 | 1.7 |
| * 蜂蜜 | 25 |
| * 黄油 | 25 |
| 合计 | 901.75 |

## 液种面团做法 Method

将所有材料充分混合后搅拌均匀即可；在室温下【发酵】16~18 小时（夏天可放在空调环境下）。

## 主面团做法 Method

* 1. 【主面团】所有材料中除黄油外，将其他材料先采用低速搅拌成团，再拌入黄油以中速搅拌至【完成】阶段，面团搅拌温度为 22~24℃。

2. 置于室温下【基础发酵】约 60 分钟，再翻面发酵约 60 分钟。

3. 将手沾水至手不黏面团状态后，用手将面团内的空气拍出。

4. 然后将拍好的面团折成 2 折后，进入基础发酵第二阶段 60 分钟。将发酵好的面团分割为一颗 500 克，再进行【中间发酵】约 25 分钟。

5. 将进行【中间发酵】后的面团，【整形】。

6. 【整形】好后，置于烤盘中做【最后发酵】40~50 分钟。

7. 放入烤箱中，设定上火 230℃ / 下火 220℃，蒸气设定为 3 秒，烤 20~25 分钟，即完成。

*Chef's Note*
这样搭配面包最好吃！

蜂蜜软法面包搭配黄油糖及咖啡一起食用风味更佳。

175

栗香桂花 3个

| 液种面团 | Ingredients |
|---|---|
| **材料** | **份量 / 克** |
| T55 法国面粉 | 150 |
| 水 | 150 |
| 低糖红酵母 | 0.05 |
| 合计 | 300.05 |

| 主面团 | Ingredients |
|---|---|
| **材料** | **份量 / 克** |
| 液种面团 | 300.05 |
| T55 法国面粉 | 350 |
| 盐 | 10 |
| 水 | 190 |
| 低糖红酵母 | 1.7 |
| *干燥桂花【果料】 | 5 |
| *糖渍栗子【果料】 | 50 |
| 合计 | 906.75 |

## 液种面团做法 Method

将所有材料充分混合后搅拌均匀即可，在室温下【发酵】16~18 小时（夏天可放在空调环境下）。

## 主面团做法 Method

* 1. 将【主面团】所有材料先采用低速搅拌成团，再以中速搅拌至【扩展】阶段，再用手拌入干燥桂花、糖渍栗子，拌匀即可，搅拌完成的面团温度为 22~24℃。

* 2. 置于室温下【基础发酵】约 60 分钟，再翻面发酵约 60 分钟。

* 3. 将手沾水至手不黏面团状态后，用手将面团内的空气拍出。

4. 然后将拍好的面团折成 2 折后，进入基础发酵第二阶段约 60 分钟。将发酵好的面团分割为一颗约 280 克，再进行【中间发酵】约 25 分钟。

* 5. 将进行【中间发酵】后的面团，【整形】。

* 6. 【整形】好后，置于烤盘中做【最后发酵】40~50 分钟。

* 7. 放入烤箱中，设定上火 230 ℃ / 下火 220℃，蒸气设定为 3 秒，烤 20~25 分钟，即完成。

*Chef's Note*
这样搭配面包最好吃！

栗香桂花搭配红茶或果汁一起食用风味更佳。

# 海岛法式长面包 3个

## 液种面团 | Ingredients

| 材料 | 分量 / 克 |
|------|------|
| T55 法国面粉 | 150 |
| 水 | 150 |
| 低糖红酵母 | 0.05 |
| 合计 | 300.05 |

## 主面团 | Ingredients

| 材料 | 分量 / 克 |
|------|------|
| 液种面团 | 300.05 |
| T55 法国面粉 | 350 |
| 盐 | 5 |
| 水 | 190 |
| 低糖红酵母 | 1.7 |
| * 海苔酱【果料】 | 50 |
| * 烤过的杏仁片【果料】 | 50 |
| 合计 | 946.75 |

**Chef's Note**

这样搭配面包最好吃！

海岛法国面包搭配白酒一起食用
风味更佳。

## 液种面团做法 | Method

将所有材料充分混合后搅拌均匀即可，在室温下【发酵】16~18 小时（夏天可放在空调环境下）。

## 主面团做法 | Method

* 1. 将【主面团】所有材料先采用低速搅拌成团，再以中速搅拌至【扩展】阶段，以机器拌匀海苔酱，再用手拌入烤过的杏仁片，拌匀即可，搅拌完成的面团温度为 22~24℃。

2. 置于室温下【基础发酵】约 60 分钟，再翻面发酵约 60 分钟。

3. 将手沾水至手不黏面团状态后，用手将面团内的空气拍出。

4. 然后将拍好的面团折成 2 折后，进入基础发酵第二阶段约 60 分钟。将发酵好的面团分割为一颗 280 克，再进行【中间发酵】约 25 分钟。

5. 将进行【中间发酵】后的面团，【整形】。

6. 【整形】好后，置于烤盘中做【最后发酵】40~50 分钟。

7. 放入烤箱中，设定上火 230℃ / 下火 220℃，蒸气设定为 3 秒，烤 20~25 分钟，即完成。

# 图书在版编目 (CIP) 数据

手作欧式面包 / 杨世均著. -- 北京 : 中国轻工业
出版社，2019.1
　　ISBN 978-7-5184-2288-3

　　Ⅰ. ①手… Ⅱ. ①杨… Ⅲ. ①面包—烘焙 Ⅳ.
① TS213.2

　　中国版本图书馆 CIP 数据核字 (2018) 第 271111 号

本书通过四川一览文化传播有限公司代理，经台湾乐木文化有限公司授权出版中文
简体字版本。

责任编辑：巴丽华　　　　策划编辑：朱启铭　　　　责任终审：张乃东
封面设计：奇文云海　　　　版式设计：奥视创意工作室　　责任监印：张京华

出版发行：中国轻工业出版社（北京东长安街6号，邮编：100740）
印　　刷：北京博海升彩色印刷有限公司
经　　销：各地新华书店
版　　次：2019年1月第1版第 1次印刷
开　　本：787×1092　1/16　印张：11.25
字　　数：200千字
书　　号：ISBN 978-7-5184-2288-3　　定价：49.80元
邮购电话：010-65241695
发行电话：010-85119835　传真：85113293
网　　址：http://www.chlip.com.cn
Email：club@chlip.com.cn
如发现图书残缺请与我社邮购联系调换
170439S1X101ZYW